第一次全国自然灾害综合风险普查

神木市地震灾害风险评估与区划

田勤虎 韶丹 段蕊 编著

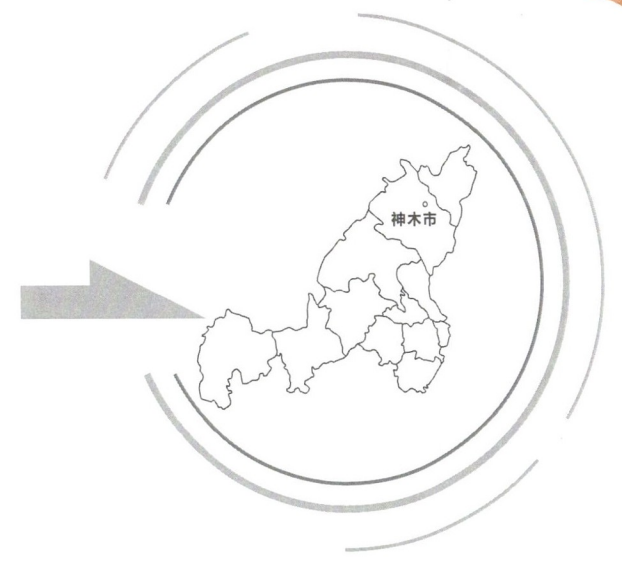

陕西新华出版
陕西科学技术出版社
Shaanxi Science and Technology Press
西安

图书在版编目(CIP)数据

第一次全国自然灾害综合风险普查. 神木市地震灾害风险评估与区划 / 田勤虎, 韶丹, 段蕊编著. —西安: 陕西科学技术出版社, 2022.12
ISBN 978-7-5369-8587-2

Ⅰ. ①第… Ⅱ. ①田… ②韶… ③段… Ⅲ. ①自然灾害—风险管理—中国 ②地震灾害—风险评价—神木 Ⅳ. ①X432②P315.9

中国版本图书馆 CIP 数据核字(2022)第 203854 号

第一次全国自然灾害综合风险普查·神木市地震灾害风险评估与区划
DIYICI QUANGUO ZIRAN ZAIHAI ZONGHE FENGXIAN PUCHA
SHENMUSHI DIZHEN ZAIHAI FENGXIAN PINGGU YU QUHUA

田勤虎　韶丹　段蕊　编著

责任编辑	王喜艳
封面设计	杜正元

出版者	陕西科学技术出版社 西安市曲江新区登高路1388号陕西新华出版传媒产业大厦B座 电话(029)81205187　传真(029)81205155　邮编710061 http://www.snstp.com
发行者	陕西科学技术出版社 电话(029)81205180　81206809
印刷者	西安五星印刷有限公司
规　格	787mm×1092mm　16开本
印　张	7.75
字　数	210千字
版　次	2022年12月第1版 2023年12月第2次印刷
书　号	ISBN 978-7-5369-8587-2
审图号	榆S(2023)012号
定　价	89.00元

版权所有　翻印必究

编委会

主　编　田勤虎　韶　丹　段　蕊
编　委　马　哲　王师迪　任　浩　阮仕琦
　　　　　　孙　哲　张　艺　张炜超　颜文华
　　　　　　许　维　杨晨艺　李　苗

PREFACE 前言

地震灾害具有突发性、影响范围广、损失破坏严重、预测难度大等特点，一次中强地震往往会对社会经济、人民生命财产等造成严重的危害和损失。陕西省横跨汾渭地震统计区、六盘山—祁连山地震统计区、龙门山地震统计区、长江中游地震统计区等，历史地震活动频繁、强度大、灾害重。1556年发生在明嘉靖年间的华县 $8\frac{1}{4}$ 级地震造成了83万人死亡，2008年汶川8.0级地震造成了近8万人死亡，陕西省因此次地震灾害死亡122人，受伤3 378人。由于地震具有突发性，现今科技很难准确预测地震发生的时间、地点和震级，从而无法开展精准的事前预防。在"第一次全国自然灾害综合风险普查——陕西省地震灾害风险普查工程"项目的支撑下，在中国地震灾害防御中心、中国地震局工程力学研究所的技术指导下，陕西省地震局对"一省一县"试点区域——神木市先行开展了地震灾害风险评估与区划，科学、定量化地进行了地震可能造成的人员伤亡和经济损失评估，结合评估结果提出了相应的地震灾害风险防治对策和应急准备工作建议，以此夯实神木市地震灾害风险防治工作的基础，最大限度地减轻地震灾害造成的损失。

开展自然灾害防治"九项重点工程"之一的"灾害风险调查和重点隐患排查工程"，是深入贯彻落实"习近平总书记关于防灾减灾系列重要论述"和"两个坚持、三个转变"重要指示精神的具体落脚点。根据统一部署，2020年5月31日国务院办公厅印发了《关于开展第一次全国自然灾害综合风险普查的通知》（国办发〔2020〕12号），国务院全国自然灾害综合风险普查领导小组办公室印发了《第一次全国自然灾害综合风险普查总体方案》（国灾险普办发〔2020〕2号），决定在2020年至2022年开展"第一次全国自然灾害综合风险普查工作"。工作涉及地震、气象、水文、地质、林业、海洋6大类主要自然灾害，旨在摸清全国自然灾害风险隐患底数，查明重点地区抗灾能力，加强灾害风险评估、隐患排查治理，客观认识全国和各地区自然灾害综合风险水平，提升灾害风险预警能力，为中央和地方各级人民政府有效开展自然灾害防治工作、切实保障社会、经济可持续发展提供权威的灾害风险信息和科学决策依据。

陕西省地震局根据中国地震局和陕西省政府关于普查工作的总体要求，

将"陕西省地震灾害风险普查工程"纳入到"十四五"防震减灾规划,先后印发了《陕西省地震灾害风险普查实施方案(试行)》(陕震发〔2020〕18号)、《陕西省第一次全国自然灾害综合风险普查2022年地震灾害风险普查工作方案》,具体实施内容包括3大部分:

1. 地震灾害致灾调查与评估:在重点地区开展断层活动性鉴定、隐伏区活动断层及沉积层结构探测等工作,编制陕西省1:250 000区域地震构造图,编制已开展地震活动断层填图涉及的区县的县级1:50 000活动断层分布图,建立相应数据库;收集全省地震工程地质条件及其场地类别基本参数,进行地震活动断层与地震工程地质条件钻孔基础数据库建设;开展场地地震工程地质条件钻孔探测,评定不同地震动参数的场地影响,编制陕西省1:250 000地震危险性图。

2. 地震灾害重点隐患评估:针对遭受地震破坏后可能造成重大人员伤亡、严重影响社会运行的各类房屋建筑和重要设施,依据房屋建筑、市政设施等承灾体信息,抽取关键数据建立地震灾害重点隐患数据库,进行地震灾害重点隐患分级评估,形成陕西省1:250 000地震灾害重点隐患分布图,以摸清全省地震灾害重点隐患底数。

3. 地震灾害风险评估与区划:基于地震危险性和承灾体分析结果,进行建筑物易损性抽样调查,获取房屋建筑详细信息,建立房屋建筑抽样详查数据库;进行房屋建筑地震易损性分析和评估模型构建。以6″格网为基本评估单元,开展地震灾害风险评估、区划,编制形成陕西省1:250 000地震灾害风险区划图。同时,在全省已开展的1:50 000地震活动断层填图涉及区县,编制形成1:50 000地震活动断层避让区划图。

神木市作为第一次全国自然灾害综合风险普查工程"一省一县"试点,陕西省地震局率先完成了地震灾害风险普查工作,并于2022年年初形成了地震灾害风险评估与区划成果。基于以上工作,本书系统阐述了神木市地震灾害风险评估与区划工作的各个环节及核心成果。全书共分为7个章节,第一章由阮仕琦编写,主要描述了神木市地形地貌、气候、人口、经济、矿产资源等基本概况;第二章由王师迪、杨晨艺、田勤虎编写,主要描述了神木市地震地质构造背景;第三章由段蕊、颜文华、许维编写,通过多概率地震危险性分析,对神木市地震危险性进行了计算分析;第四章由任浩、孙哲编写,结合房屋建筑等承灾体普查信息,对神木市建筑物构造特点及抗震能力进行了分析评价;第

前　言

五章由张炜超、马哲编写,对神木市各类建筑物进行了地震灾害隐患评估及等级划分;第六章由韶丹、田勤虎编写,在地震危险性分析、建筑物隐患评估的基础上,结合神木市人口、经济等公里格网数据,计算给出了神木市50年超越概率63％、10％、2％以及100年超越概率1％,在4个概率水准地震作用下,由于房屋倒塌造成的人员死亡、经济损失风险评估结果;第七章由田勤虎、韶丹编写,根据震灾风险评估区划结果,结合当地特点,给出了神木市地震灾害风险防治对策和应急准备建议。全书由田勤虎、张炜超、韶丹负责汇总和统稿,书中主要图件由孙哲、张艺、李苗等绘制。

本书在编写过程中得到了中国地震灾害防御中心、中国地震局工程力学研究所相关专家的指导,借鉴了工力所孙柏涛研究员团队的部分研究成果,使用了地震灾害风险评估软件平台,在此表示真挚的感谢!

感谢陕西省住建厅、神木市住建局提供的房屋单体隐患数据支持,此数据为本书的编制提供了基础支撑。感谢陕西省地震局刘晨、王恩虎、王彩云、刘毅、李平、段锋、寇亮、赵金礼、穆昱东、赵曦等领导对编写工作的支持与帮助。感谢王涛研究员、曲哲研究员、吴富春研究员对本书的指导和建议。

书中提出的地震应急对策建议、评估结果仅供科技人员和管理人员参考,精细化评估工作仍需有针对性地开展。由于编者水平有限,书中难免会有缺陷甚至错误,敬请读者批评指正。

编　者

2022年10月

CONTENTS 目 录

第一章　神木市基本概况 …… 1
第一节　地理位置和行政区划 …… 2
第二节　地形地貌特征 …… 3
第三节　河流水系 …… 4
第四节　气候特征 …… 5
第五节　人口和经济特征 …… 5
第六节　地质灾害特征 …… 9
第七节　房屋结构特征 …… 9
第八节　地震动参数区划演变 …… 10

第二章　神木市地震构造背景 …… 11
第一节　地质构造背景 …… 12
第二节　地层 …… 16
第三节　活动断裂遥感解译 …… 19
第四节　地震活动 …… 22

第三章　神木市地震危险性分析 …… 25
第一节　地震危险性概率分析 …… 26
第二节　地震活动性参数确定 …… 29
第三节　地震动衰减关系确定 …… 38
第四节　概率地震危险性计算 …… 39
第五节　地震地参数场地调整 …… 44
第六节　地震危险性区划 …… 45
第七节　地震烈度区划 …… 51
第八节　小结 …… 56

第四章　神木市建筑物结构特征及震害分析 …… 57
第一节　典型房屋结构特征及应用 …… 58
第二节　典型房屋结构震害特点 …… 63
第三节　小结 …… 66

第五章　神木市建筑物地震灾害隐患评估 …… 67
第一节　神木市建筑物隐患数据 …… 68
第二节　建筑物地震灾害隐患评估方法 …… 71
第三节　评估结果 …… 73
第四节　小结 …… 84

第六章　神木市地震灾害风险评估与区划 …… 86
第一节　地震人员死亡风险评估 …… 87
第二节　建筑物直接经济损失风险评估 …… 94
第三节　小结 …… 101

第七章　神木市地震灾害风险及防治对策 …… 103
第一节　地震灾害风险 …… 104
第二节　地震灾害防治对策 …… 105
第三节　地震应急准备 …… 106

参考文献 …… 108

第一章

神木市基本概况

第一节　地理位置和行政区划

神木市隶属于陕西省榆林市,位于陕西省北部,秦晋蒙三省(区)接壤地带,历史悠久,文化淳古。地处中原汉族和北方少数民族融合前沿的神木,历史上一直是守卫中原、抗击外夷的边关前哨,素为"南卫关中,北屏河套,左扼晋阳之险,右持灵夏之冲"的塞上重地。1948年,神木全县解放,神木县人民政府成立。2017年4月9日神木撤县设市获批,同年7月23日举行揭牌仪式,标志着榆林市第一个县级市——神木市成立。

全市国土总面积达7 635 km²,是陕西省面积最大的县(市),黄河揽怀南下、长城横腰西飞,介于北纬38°13′~39°27′、东经109°40′~110°54′。市境呈不规则菱形,南北最大长度约141 km,东西最大宽度约95 km,东至马镇镇葛富村,隔黄河与山西省兴县裴家川镇相望;西至尔林兔镇石板太村,与内蒙古自治区伊金霍洛旗的巴旱采当为邻;南至秃尾河口的界牌村,隔黄河与山西省兴县大峪口镇相望;北至大柳塔镇后石圪台村,与内蒙古自治区伊金霍洛旗的乌兰木伦庙毗邻;雄踞秦晋蒙三角地带中心。

神木市交通便利,道路纵横。包西、包神、神黄、神延、靖神等干线铁路在境内交会,包茂、榆神、神府、神佳等高等级公路构成了周边快速交通网;市区距榆林、鄂尔多斯两个机场仅百公里,市内通用机场即将建成,实现了外与国际国内各大城市有航班相通,内与周边城市有高速公路相连,四通八达的立体交通网络全面形成,是西部地区县域综合实力最强的县级市。榆林市及神木市行政区划如图1.1所示,神木市乡(镇)概括见表1.1。

截至2021年1月,神木市下辖14个镇6个街道。共有39个社区、326个行政村。

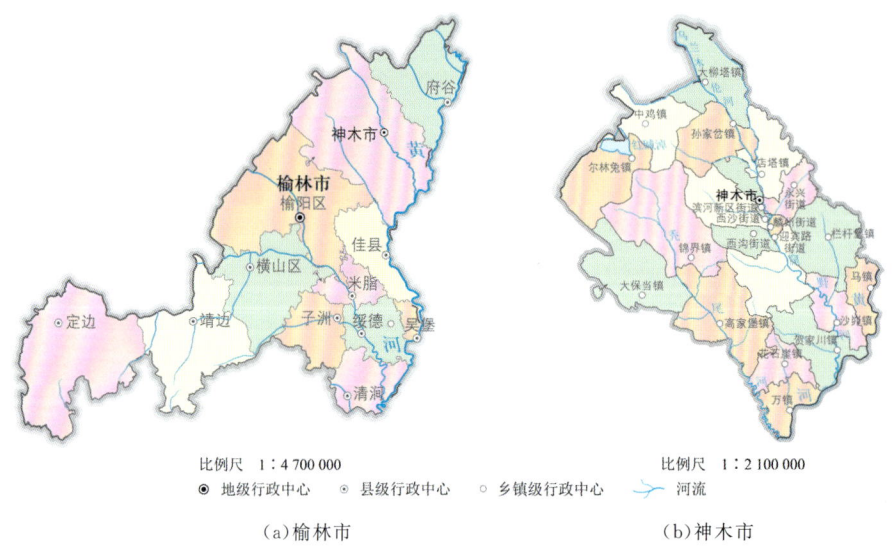

(a)榆林市　　　　　　　　　　(b)神木市

图1.1　区域行政区划图

表1.1 神木市乡(镇)概况

乡(镇)	下辖社区(行政村)/个	面积/km²
滨河新区街道	11	156
西沙街道	11	334
麟州街道	20	68.3
迎宾路街道	32	437
永兴街道	13	217.5
西沟街道	14	175
高家堡镇	37	794
店塔镇	12	325
孙家岔镇	14	421.19
大柳塔镇	21	508
花石崖镇	13	226.2
中鸡镇	12	417.5
贺家川镇	27	411.8
尔林兔镇	12	541.6
万镇	18	220
大保当镇	19	715.3
马镇	19	188.7
栏杆堡镇	20	514.8
沙峁镇	18	272.5
锦界镇	22	777.7

第二节 地形地貌特征

神木市地形西北高而东南低,境内可分为土石山区、丘陵沟壑区、沙漠草滩区(图1.2)。土石山区位于市境东南部黄河沿岸,约占神木市总面积的10.94%,包括马镇、贺家川、万镇、沙峁4个乡镇。区内地面倾斜度较大,窟野河、秃尾河流经本区与黄河汇合。沿河两岸地形狭窄,基岩裸露,直立陡峭。该区山大沟深,石多土薄,海拔724~1161m不等,相对高差较大,水土流失严重,山顶上覆盖着一层薄的红黏土,黄土层为农耕地。

丘陵沟壑区位于市境中部,约占神木市总面积的37.76%,包括永兴、西沟、花石崖、栏杆堡、高家堡、店塔等乡镇。梁多峁少,呈鱼脊形,以10°~20°向两侧沟谷倾斜,沟边缘线以下谷坡陡峻。梁峁两侧沟谷切割深度不等,一般50~150m,少数超过250m。分水岭地带多未切到基岩,断面呈"U"形。中下游一般切至基岩10~100m以上,断面多呈"U"形。局部地段形成巷口,两岸谷坡形成基岩陡崖。窟野河、秃尾河流经本区,河流两岸较为宽阔平展,河缘一般高出河水面 3～10m,宽度 400～500m,局部地带可达 800～1 000m,滩面向河床倾斜,沿河两岸是带状分布,越往下游河谷越窄。支沟众多,密集成树枝状。

沙漠草滩区位于市境北部,约占神木市总面积的 51.3%,包括大柳塔、尔林兔、大保当、中鸡、孙家岔、店塔等乡镇。该区地势较为平坦,海拔在 987～1 449.4m 之间。基底为侵蚀残留的黄土梁峁地形,表面为波状起伏的风成沙丘,沙丘间形成大小不等的洼地,一般洼地在 5km² 以上,其周边微向中心倾斜,滩地中心与边缘呈缓坡过渡,高差为 10～30m。滩地中湿生植物茂密,低洼部位由于地下水与地表水的补给,形成沼泽或水泊(俗称海子)。该区是本市农牧业较为集中的地区。

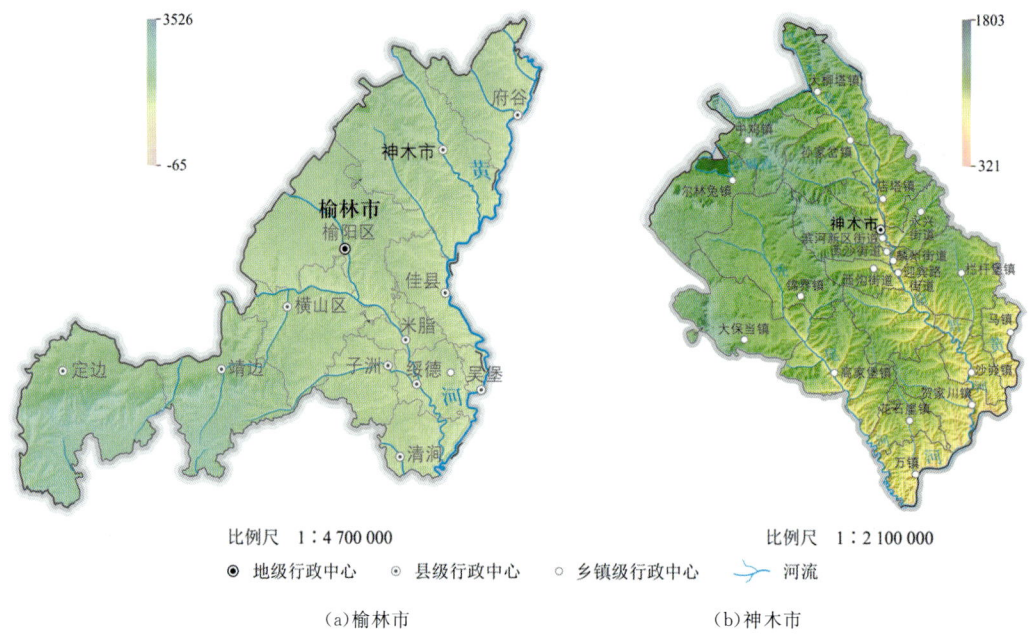

(a) 榆林市　　　　　　　　　　(b) 神木市

图 1.2　区域地形地貌图

根据《陕西省地震应急救援工作基础资料－断裂构造特征及说明》(田勤虎,2017),神木地区未探明发震构造。然而,神木地区存在较多煤矿,在该地区矿震时有发生,震级较小。

第三节　河流水系

神木市有四大水系,即黄河、窟野河、秃尾河及由流入红碱淖几条河流组成的内陆水系。西北部有内陆湖泊 46 个。在黄土与水土流失等因素的影响下,河流多泥沙。

黄河由府谷县白云镇流入市境,沿马镇、沙峁、贺家川、万镇 4 个镇的东南边缘流至界牌村进入佳县,流经4个乡镇,市境流长98 km,流域面积107.6 km²,占全市总面积的1.4%。

窟野河发源于内蒙古鄂尔多斯市东胜区拌树河巴定沟,由北部偏东方向流至大柳塔石圪台进入本市境内,流经大柳塔、中鸡、孙家岔、永兴、店塔、西沟、栏杆堡、沙峁、贺家川等乡镇,全长242 km,市境流长159 km,流域面积3 967.7 km²,占全市总面积的51.2%。

秃尾河发源于锦界镇的宫泊海子,起初称宫泊沟,与圪丑沟在乌鸡滩汇流后称秃尾河,流至万镇河口岔村入黄河,流经锦界、大保当、高家堡、花石崖、万镇等乡镇,全长140 km,流域面积2 370km²,占全市总面积的31.4%。

红碱淖海子流域为一个内陆水系,由降水、地表水及潜水补给湖泊。流入红碱淖海子的有蟒盖兔河、齐盖素河、尔林兔河、前庙壕河、扎萨毫赖河。四周高、中部低洼,东、南、西三面为沙漠地区,北面是中鸡镇和伊盟伊金霍洛旗,总流域面积1 800km²。

其中神湖(红碱淖)总面积54 km²,储水8亿 m³,是陕西省最大的内陆湖,也是中国最大的沙漠淡水湖。

第四节 气候特征

神木市地处森林草原与干草原的过渡地带,受极地大陆冷气团控制时间长,受海洋热带气团影响时间短,加之深居内陆,地势较高,下垫面保温、保水性不好,所以大陆性气候显著。主要特点是寒暑剧烈、气候干燥、灾害频繁、四季分明;冬季漫长寒冷,夏季短促,温差大;冬季少雨雪,夏季雨水集中,年际变率大;多西北风,风沙频繁,无霜期短,日照丰富,光能强,积温有效性大。神木市平均气温8.9℃,最热为7月,平均23.9℃;最冷为1月,平均-9.9℃。无霜期年平均为199d,最短128d。

第五节 人口和经济特征

一、不同行政区人口数量

根据第七次全国人口普查结果,截至2020年11月1日,神木市常住人口为571 869人,常住人口中,人户分离人口为397 544人。全市常住人口中共有家庭户193 832户,集体户15 733户,家庭户人口为479 004人,集体户人口为92 865人。全市常住人口中,男性人口为318 326人,占55.66%;女性人口为253 543人,占44.34%。居住在城镇的人口为403 133人,占70.49%;居住在乡村的人口为168 736人,占29.51%。全市20个镇(街道)中,常住人口超过10万人的镇(街道)有1个,在5万人至10万人之间的镇(街道)有4个,在1万人以上5万人以下的镇(街道)有5个,少于1万人的镇(街道)有10个。其中,麟州街道、大柳塔镇、西沙街道、迎宾路街道、滨河新区街道常住人口居前五位,合计人口占全市人口比重为69.90%。根据全省人口抽样调查数据评估结果,2021年年末神木市常住人口为57.64万人,出生率为8.54‰,死亡率为6.63‰,城镇化率为70.61%。神木市各个行政区总人口情况见表1.2,图1.3是神木市人口分布情况。

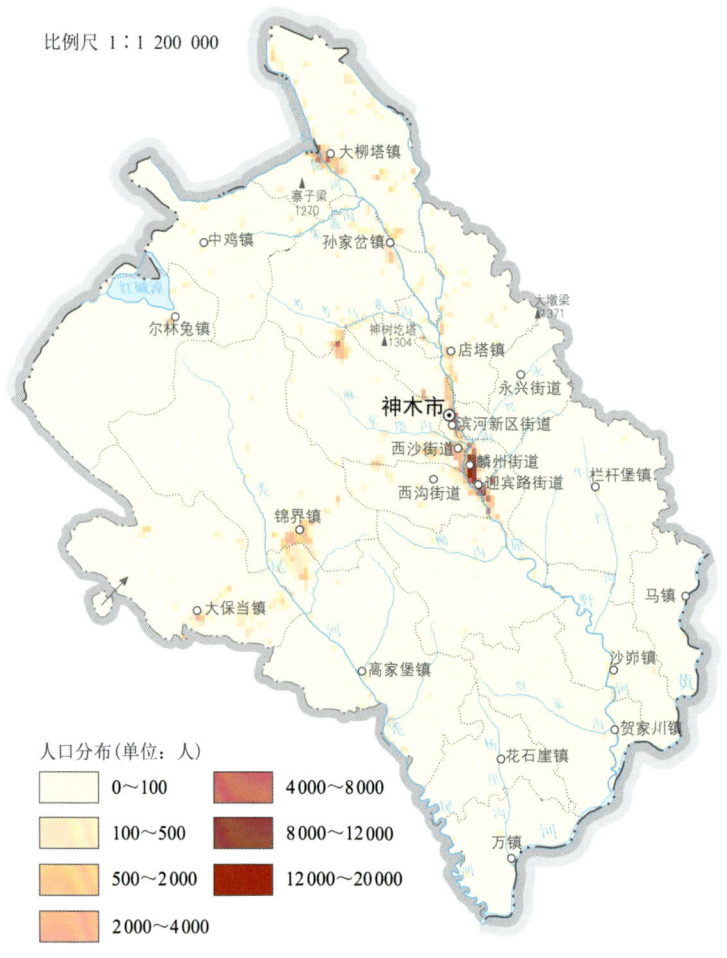

图1.3 神木市人口分布图

表1.2 不同行政区常住人口数量(据第七次全国人口普查数据)

地 区	总人口	0~14岁年龄人口	15~59岁年龄人口	60岁及以上年龄人口
滨河新区街道	55 641	13 899	38 465	3 277
西沙街道	69 317	16 594	46 484	6 239
麟州街道	132 752	34 993	83 501	14 258
迎宾路街道	69 184	17 829	42 977	8 378

表 1.2(续)

地区	总人口	0～14岁年龄人口	15～59岁年龄人口	60岁及以上年龄人口
永兴街道	3 818	503	2 126	1 189
西沟街道	7 804	1 221	5 062	1 521
高家堡镇	14 495	2 603	7 408	4 484
店塔镇	21 434	3 243	15 531	2 660
孙家岔镇	15 049	1 411	11 302	2 336
大柳塔镇	72 837	16 461	50 957	5 419
花石崖镇	2 251	213	872	1 166
中鸡镇	8 052	1 248	4 517	2 287
贺家川镇	5 860	759	2 605	2 496
尔林兔镇	8 563	1 462	4 538	2 563
万镇	3 110	265	1 208	1 637
大保当镇	2 6923	4 305	19 570	3 048
马镇	3 384	290	1 380	1 714
栏杆堡镇	3 483	314	1 322	1 847
沙峁镇	3 711	412	1 583	1 716
锦界镇	44 201	8 155	31 913	4 133

二、社会经济特征

据《2021年神木市国民经济和社会发展统计公报》,根据地区生产总值统一核算结果,全年全市地区生产总值1 848.18亿元,占榆林市总量的34%,占陕西省总量的6.2%,按不变价计算,同比增长8.9%(图1.4)。分产业看,第一产业增加值26.75亿元,增长5.0%;第二产业增加值1 493.42亿元,增长8.3%;第三产业增加值328.01亿元,增长11.4%。三次产业结构为1.45∶80.80∶17.75。人均地区生产总值32 1591元,按不变价计算,增长7.5%。全年全体居民人均可支配收入34 659元(含自产自用,下同),增长8.3%。城镇居民人均可支配收入41 725元,增长7.4%;农村居民人均可支配收入19 063元,增长10.6%。城镇居民人均消费支出25 102元,增长9.0%;农村居民人均消费支出15 856元,增长18.9%。全年财政总收入507.31亿元,同比增长68.3%;地方财政一般预算收入131.04亿元,增长43.0%,其中税收收入114亿元,增长49.3%,非税收入17.04亿元,增长11.6%。地方财政支出133.67亿元,增长7.3%。

图 1.4　2016—2021 年神木市地区生产总值(GDP)及其增速

三、医疗医院

2021年年末,神木市共有医疗卫生机构416家,其中医院29家(三级医院1家、二级医院3家),社区卫生服务中心6家,乡镇卫生院16家,村卫生室223家,专业公共卫生机构3家,门诊部13家,医务室13家,体检中心3家,诊所110家。共有卫生技术人员5 528人,其中执业(助理)医师1 807人、在册护士3 055人,药师(士)124人,技师(士)241人,其他卫生技术人员301人。医疗卫生机构编制床位4 006张,实际开放床位2 775张。

四、矿产资源

神木市蕴藏着十分丰富的矿产资源,目前探明的主要矿产有煤炭、石英砂、天然气、石油、铁矿,其中以煤炭储量为最。

煤炭主要分布在神木市的西北部,储煤面积达4 500 km²,占全市总面积的59%,已探明储量500多亿t,神木市出产的煤质量优良,埋藏浅,易开采,为世界少有的优质动力环保煤和气化用煤。其中神府东胜煤田面积为31 172 km²,探明储量2 300亿t,占全国探明储量的30%以上,在世界级大煤田中名列榜首。

神府东胜煤田按行政区域划分为两部分,位于陕北的叫神府煤田,位于内蒙古南部的叫东胜煤田。神府煤田含煤面积25 092 km²,已探明储量1 516亿t,富煤区每平方千米地下储煤量高达1 000多万t。神木地处神府煤田腹地,是煤田的主要所在区域,煤田范围包括大柳塔、孙家岔、店塔、中鸡、尔林兔、锦界、大保当、高家堡等乡镇。

石英砂主要分布在神木镇一带,工业探明储量达436万t,二氧化硅含量高达97%以上,且水文地质条件简单,适宜开采,是本县仅次于煤炭的重要矿产资源。

神木气田位于鄂尔多斯盆地中部,含气区主要分布在尔林兔、大保当及锦界一带,气田北接内蒙古乌审旗的苏里格气田,西接榆林含气区,储量可观。石油主要分布在尔林兔、大保当一带,与天然气含气区分布基本一致。

神木市全市共有铁矿矿点66个,多为窝状埋藏,在孙家岔镇刘石畔村有一处为层状埋藏,厚达1m。主要有磷铁矿、褐铁矿和赤铁矿3种,平均含铁量为30%,最高达60%。

第六节　地质灾害特征

神木市地质灾害主要类型包括矿区塌陷(裂陷)、滑坡、崩塌、泥石流等,经调查境内有各类地质灾害点150处,其中矿区地面塌陷21处、崩塌75处、滑坡19处、不稳定斜坡34处、泥石流1处。各类灾害中以矿区塌陷分布最广、危害最严重,其次为崩塌、滑坡灾害,泥石流仅局部发育。全市共有21个煤矿不同程度地发生地面塌陷,由此导致地表裂缝、地面下沉、地下水位下降、道路中断、土地沙化、树木枯萎、人畜饮水困难、村庄搬迁等,严重破坏了生态环境,给人民生命财产造成巨大损失。境内滑坡主要发育在黄土丘陵区及土石丘陵区,尤以黄土丘陵区最为发育,具有数量多、规模大且集中发育的特点。崩塌多发生在土石丘陵区及黄土丘陵区,尤以土石丘陵区最为发育,共有灾害点75处,其中岩质崩塌点57处,土质崩塌点18处。其中崩塌主要分布于有人类工程活动的沟谷边坡地带,由于开挖坡脚,使岩体的完整性受到破坏而松动,加之表层风化破碎及节理、裂隙发育,雨水或地表水的渗入,形成不稳定岩体。中鸡镇活鸡兔沟发现1条泥石流沟,发育于山地沟谷内,流域面积为$0.8~km^2$,具有明显的形成区、流通区及堆积区。其汇水面积大于20万m^2,物源主要为沟脑的烧变岩及大量采石场碎石、煤矿废弃矿渣。该泥石流暴发将造成沟口新修公路淤埋。

神木市地质灾害发育特征可以概括为以下4点:①在东部河谷阶地、丘陵区,地质灾害点数量多、分布广、密度大,在西部沙漠滩地区其数量少;②滑坡平面形态多样、变形模式简单,致灾广泛;③中型岩质崩塌十分发育,在人为因素的影响下,以倾倒式变形为主要特征,潜在危害大;④诱发因素较清晰,宏观前兆相对明显,可预防性较强。

第七节　房屋结构特征

神木市房屋结构呈现多样化属性,且在城区、城乡接合部和农村地区有明显的分区特征,一般框架结构、钢结构等主要集中在城区,而城乡接合部和农村地区以设防砖混或未设防自建砌体结构为主,另外在农村地区还有大量的窑洞结构房屋。

神木市城镇和农村地区的砌体结构较多。2008年以前自建的砌体结构房屋抗震能力一般,抗震构造措施大多不完整,没有做到层层圈梁和构造柱等抗震设防措施,2008年后建造的砖混房屋大多都能按照砌体结构设计规范来设计建造,具有一定的抗震能力。

神木市城区的框架结构较多,主要分布在市区和城镇街道,大部分都是经过正规设计院按照混凝土结构设计规范和建筑抗震规范来设计建造,抗震能力较好,主要用于教学楼、办公楼、酒店和住宅等。

神木市现有钢结构的办公和工业用房大多建于2010年以后,基本都是通过正规设计院和施工单位进行抗震设计和建造,有完备的建造图纸,具有较好的抗震能力。

神木市的土木结构很少,基本上无人居住,大多建造于80年代以前,大部分采用土坯砖墙体,少数为夯土墙体,人字形木屋架,硬山搁檩,屋内有木柱支撑,抗震性能较差。

神木市的砖木结构很少,大多数为90年代以前建造,房屋墙体采用泥浆或混合砂浆砌筑,基础采用卵石基础或砖基础,埋深50cm左右,很少住人。

窑洞作为黄土高原上的传统民居房屋,在神木市仍较广泛分布,主要分布在农村及城区周边,以土窑洞、石砌(砖砌)窑洞为主。神木市的窑洞往往依山而建,因地制宜,具有就地取材、冬暖夏凉等特点。

第八节 地震动参数区划演变

《中国地震动参数区划图》在建设工程抗震设防、社会经济发展和城乡建设等方面发挥了重要作用。随着我国地震监测能力不断提高,基础资料不断丰富和积累,2015年国家质检总局和标准化管理委员会批准发布了《中国地震动参数区划图》(GB18306—2015)。该标准充分吸收了国内外最新研究成果和资料,消除了不设防区,全国设防参数整体上有了适当提高,神木市部分城镇也相应有所变化,与上一版地震动参数区划相比,演变情况见表1.3。

表1.3 神木市地震动参数区划演变情况

版本	峰值加速度/g	反应谱特征周期/s	城　镇	数据来源
2001版	0.05	0.35	神木镇、高家堡镇、店塔镇(0.45s)、孙家岔镇、大柳塔镇(0.45s)、花石崖镇、中鸡镇、贺家川镇、尔林兔镇(0.45s)、万镇、大保当镇、马镇(0.4s)、栏杆堡镇、沙峁镇、锦界镇	《中国地震动参数区划图》(GB18306—2001)
2015版	0.05	0.35	神木镇、高家堡镇、店塔镇、孙家岔镇、大柳塔镇、花石崖镇、中鸡镇、贺家川镇(0.4s)、尔林兔镇、万镇、大保当镇、马镇、栏杆堡镇(0.4s)、沙峁镇(0.4s)、锦界镇	《中国地震动参数区划图》(GB18306—2015)

第二章

神木市地震构造背景

第一节　地质构造背景

神木市大地构造上位于华北地块鄂尔多斯盆地的东部边缘(如图2.1所示)。鄂尔多斯盆地地处中国东西部构造结合部位,是发育在华北克拉通之上的多旋回叠合型盆地,根据构造层序、构造变形史、构造事件、区域不整合等将盆地演化可以分为几个主要演化阶段(邓军等,2005;表2.1)。

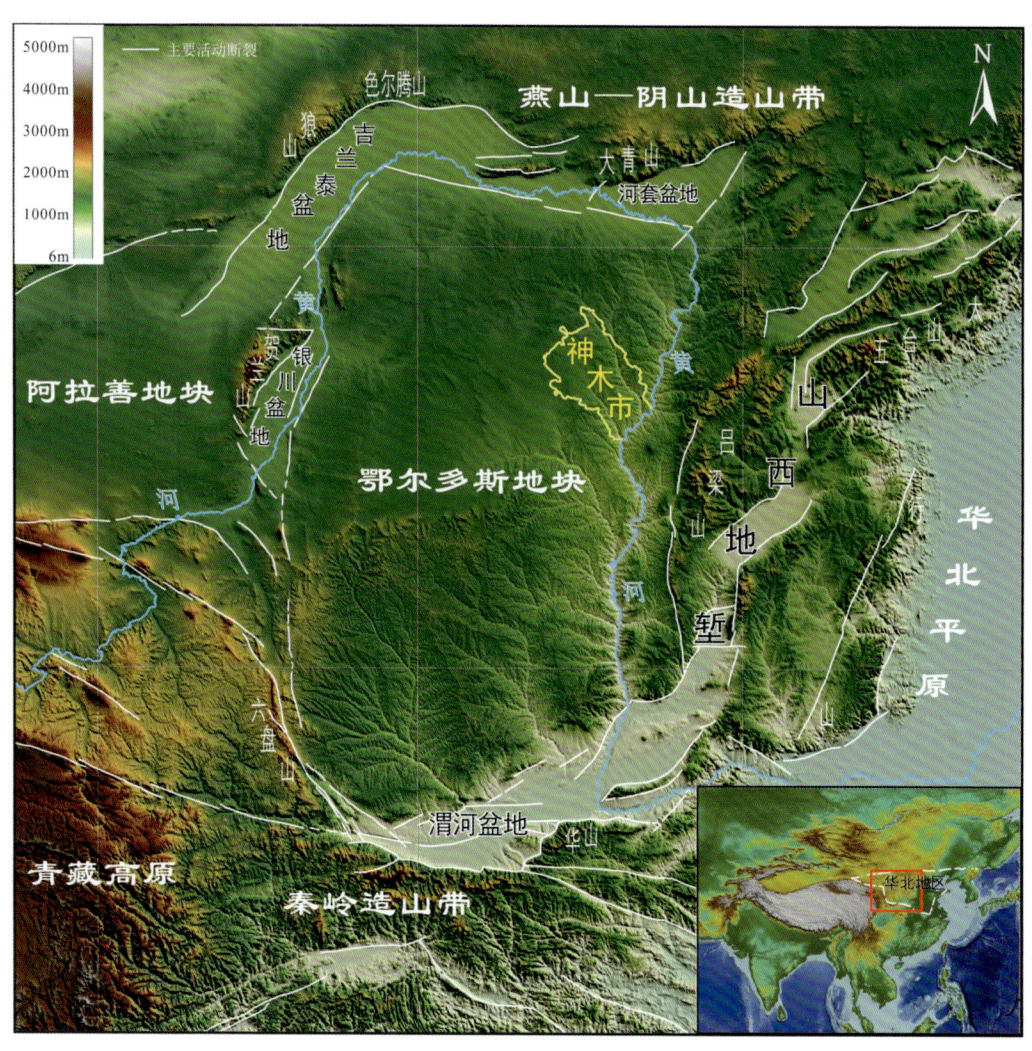

图2.1　鄂尔多斯盆地及邻区区域构造图

第二章 神木市地震构造背景

早古生代鄂尔多斯盆地属于华北大陆板块的组成部分，北、西、南三侧为兴蒙和秦祁海槽，稳定的板内浅海盆地和大陆边缘活动带相互对立、共同发展是这一地质时期构造演化的主要特点。早古生代末，华北大陆板块南、北两侧先后发生洋壳俯冲并沿大陆边缘形成加里东褶皱带，导致华北大陆板块整体抬升和板内浅海盆地消亡（张岳桥和廖昌珍，2006）。晚古生代华北大陆板块开始沉降，形成了南北均以加里东褶皱带为界，向西收敛并与祁连海域相通，向东开口的箕状板内陆表海沉积盆地。西侧祁连海与南北两侧褶皱带一起控制了鄂尔多斯盆地晚古生代含煤层系的沉积类型和煤层聚积特征（王双明，2011）。

三叠纪基本上继承了晚古生代末期的构造格局，受沉积作用的控制，陕西延安以北子长、横山一带沉积了三叠纪含煤地层（康高峰等，2007）。受特提斯构造域洋壳俯冲的影响，西缘和西南缘强烈抬升，使该区变成了北、西、南三侧均被褶皱造山带包围，向东开口的大型箕状内陆盆地的一部分（王双明，2011）。三叠纪末的印支运动，对神木煤田的形成具有深远的影响。部分地区曾一度上升遭受剥蚀成为低山丘陵。早中侏罗纪延安组沉积初期，延安、甘泉一带，地势低洼，形成汇水区。南北两端，在河流发展后期，东胜、神木等地区，由于地势渐平坦，湖沼密布、植物丛生，盆地内发生了第三次聚煤作用，大煤田形成（神木县志编纂委员会，1990）。

侏罗纪末的燕山运动，盆地一度上升，造成上侏罗统的缺失。白垩纪时，沉积中心转移到盆地西部，早白垩纪晚期以后，盆地急剧上升，致使残留水体退出，盆地周边相继形成新的断陷盆地，从而结束了作为大型沉积盆地的历史（神木县志编纂委员会，1990）。

白垩纪后，盆地主体部位一直保持隆起性质。第三纪时期气候炎热潮湿，植物茂盛，类似亚热带气候，内陆盆地布满湖泊、沼泽，沉积物受强氧化作用，形成红色黏土及白色沙质黏土层。新近纪上新世末，发生了喜马拉雅运动，鄂尔多斯盆地升起成为高原，此时气候逐渐变干，湖泊缩小，沉积了灰色黏土层。第四纪气候愈来愈干燥，黄土形成，就是今日的黄土高原（神木县志编纂委员会，1990）。

鄂尔多斯盆地周缘造山带也经历了多期演化（郭忠铭等，1994），导致盆地内部古地理格局的数次转型（表 2.1），经多期变动，现今盆地可分为伊盟隆起、晋西挠褶带、陕北斜坡、渭北隆起、天环坳陷、西缘冲断带 6 个构造单元（邓军等，2005），神木市大部分位于陕北斜坡，东边一小部分位于晋西挠褶带（图 2.2）。

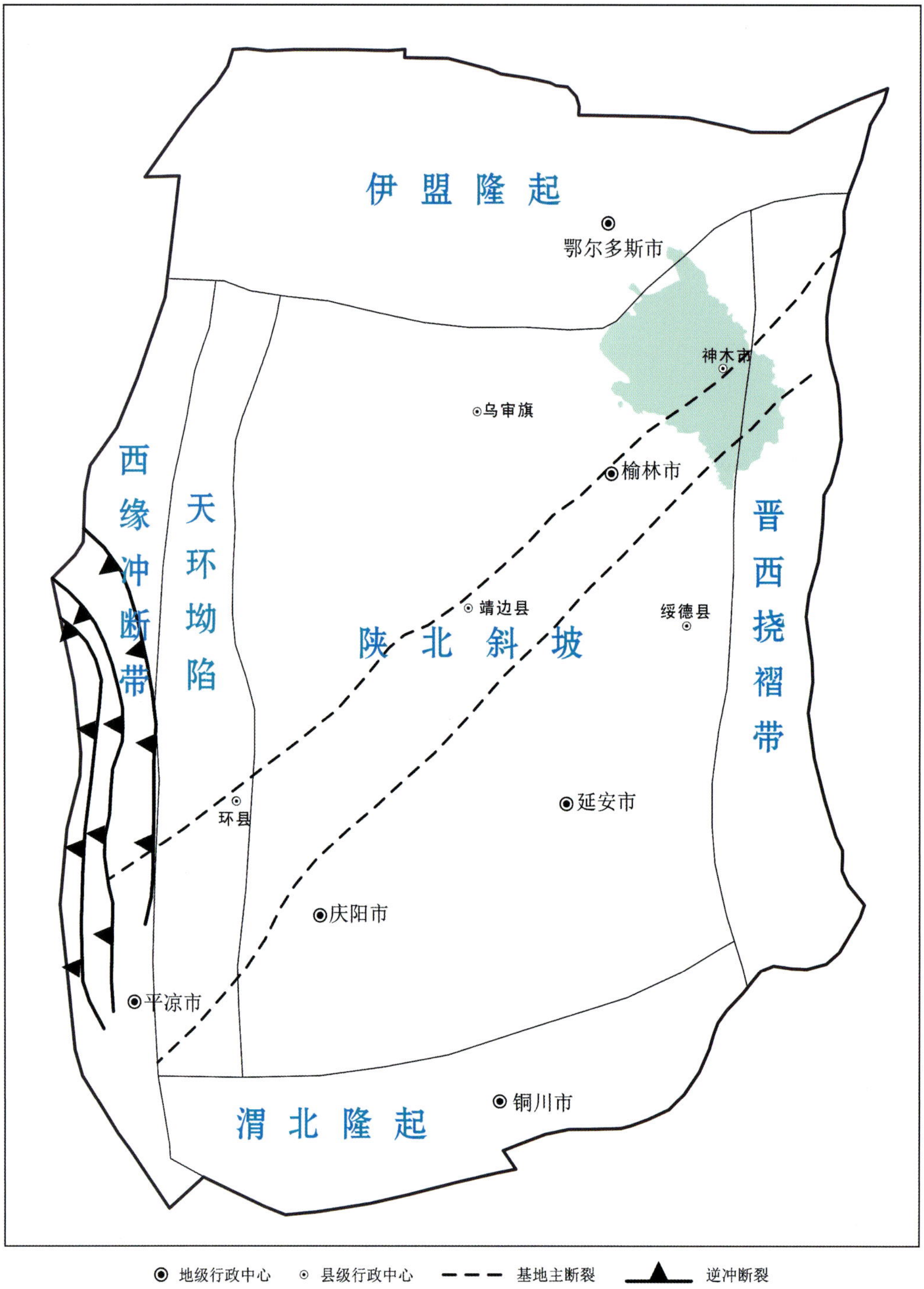

图 2.2　鄂尔多斯块体及邻区构造单元划分简图（据翟明国，2021 修改）

表 2.1　鄂尔多斯盆地及其周缘造山带演化（据邓军 等,2005）

时代			演化阶段	南缘	北缘	西缘	东缘
新生代	第四纪		盆地周缘断陷盆地形成				
	第三纪						
中生代	白垩纪	晚	鄂尔多斯盆地形成		阴山构造岩浆带形成	六盘山冲断构造带形成	吕梁山隆起形成
		早					
	侏罗纪	晚	大鄂尔多斯内陆盆地				
		中					
		早					
	三叠纪	晚		陆-陆全面碰撞	陆-陆碰撞		
		中					
		早	华北内陆盆地				
晚古生代	二叠纪	晚			洋-陆碰撞	拗拉槽再次活化	
		中					
		早	华北滨浅海盆地	面接触			
	石炭纪	晚		点碰撞	板块扩张	拗拉槽消失	
		中					
		早	整体剥蚀	收敛俯冲			
	泥盆纪						
早古生代—震旦纪	志留纪				收敛俯冲		
	奥陶纪	晚		板块扩张		贺兰拗拉槽	
		中					
		早	陆表海				
	寒武纪	晚			板块扩张		
		中					
		早					
	震旦纪		主体为陆	秦祁海槽			
中、新元古代			中国内地拼合-裂解		兴蒙海槽		海槽活动

第二节 地　层

神木市范围内出露的地层主要有三叠系、侏罗系、白垩系、新近系和第四系(图2.3)，本书根据神木县志编纂委员会(1990)、左超群等(2006)、倪新峰等(2007)、张凤奎等(2008)、杜江丽(2013)、王博文(2016)、陕西省地质调查院(2017)、李仁伟(2020)、李明培等(2021)的总结，各地层从老到新简述如下：

一、三叠系(T)

(1)中统二马营组(T_2e)。下部为一套辫状河沉积体系，发育叠置的河道砂体由河道砂岩及其河漫滩粉砂岩、泥岩、页岩组成，砂岩具有向上变薄变细的结构特点，横向分布不连续，楔状、槽状交错层理，层面见波痕、皱痕等沉积构造，各砂体与下伏呈明显的冲刷接触；二马营组上部主要为一套冲积体系，由河漫滩的细粒沉积物和孤立的河道砂体组成，泥岩为暗紫红色，含钙质结核，具有古土壤结构特征，表明二马营组沉积环境已由辫状河发展为曲流河边滩沉积。地层厚度120～400m。

(2)中上统延长组($T_{2-3}y$)：地层下部以河流中、粗砂岩沉积为主，中部为一套湖泊—三角洲为主砂泥互层沉积，上部为河流相砂泥岩沉积，总体北粗南细，厚度北薄南厚，厚800～1 500m左右。岩性呈明显的韵律变化，并发育多期旋回性，这些变化在区域上有较强的可对比性，依据延长组中凝灰岩、页岩、炭质泥岩或煤线等标志及其在测井曲线上的变化特征，将延长组自上而下细分为10个油层组(长1～长10)，反映了大型沉积盆的形成(长10～长9)→扩大(长8～长7)→萎缩[长6～长(4+5)]→消亡(长3～长1)过程。

(3)上统瓦窑堡组(T_3w)：岩性为灰白色中厚层—块状中细粒砂岩与深灰色粉砂岩、灰黑色泥质岩互层，夹煤层和泥灰岩，近顶部有油页岩。地层厚度0～386m。

二、侏罗系(J)

(1)下统富县组(J_1f)：该组岩层在区内分布广泛，总厚度约90m。下部为砂岩夹粉砂质泥岩，上部为泥岩夹薄层砂岩。

(2)中下统延安组($J_{1-2}y$)：该组岩层在区内分布广泛，岩性以砂岩、砂质泥岩、页岩及碳质页岩为主，砂岩单层厚1～3m，裂隙发育。中下部泥、页岩厚2～3m，上部泥、页岩厚1m。

(3)中统直罗组(J_2z)：区域内没有露头。根据有关资料显示，其下部岩性主要为黄绿色砂质泥岩夹细砂岩及粗砂岩；中部主要是黄绿色、暗紫色细砂岩及砂质泥岩；

上部以紫红色泥质粉砂岩与砂质泥岩互层为主。岩层总厚度在100～140m之间,与下伏地层为假整合。

(4)安定组(J_2a):零星出露于东北部支沟脑部,上部为暗紫色砂岩夹紫灰色泥岩;中部为淡灰绿色砂岩、泥质砂岩、泥岩;下部为紫色砂岩与泥岩互层。岩层总厚度67m,整合于下伏地层之上。

三、白垩系(K)

下统洛河组(K_1l):主要分布在神木西北部,为巨厚层状长石砂岩,与下伏侏罗系地层呈平行不整合接触,地表出露厚度10～20m,其中夹有数层砂质泥岩。该组砂岩节理发育,结构疏松,易风化。

四、新近系(N)

上新统(N_2):该组地层主要为三趾马红土,厚30～50m。其为浅棕黄、棕红色的砂质泥岩,局部夹有数层细沙。

五、第四系(Q)

1. 下更新统(Qp_1)

(1)冲积层(Qp_1^{al}):多出露于较大的支流沿岸及黄河地段。下部是灰褐色砾石层,胶结程度好,致密坚硬;上部是灰白、姜黄色中粗粒砂,水平层理发育。

(2)风积黄土(Qp_1^{eol}):零星分布在分水岭及河流Ⅴ～Ⅶ级高阶地区。主要为棕红、棕黄色粉砂质黏土,形成较多的黄土峭壁。斜层理发育。不整合接触于下伏地层。

2. 中更新统(Qp_2)

(1)冲积层(Qp_2^{al}):多出露在黄河、窟野河沿岸地带,下部是粗砂砾石夹粗砂层,平;上部是黄土状土,水平层理发育,厚10～20m。

(2)离石黄土(Qp_2^{eol}):岩性为黄棕、棕红色亚砂土及黏土,厚20～70m。垂直节理及大孔隙发育。其中夹有3～10层古土壤,单层古土壤厚约0.5m,层间距3～4m。

3. 上更新统(Qp_3)

(1)冲积层(Qp_3^{al}):沿着河流区域断续分布。下部是灰白、褐黄色砂砾卵石层。卵砾石成分主要包括砂岩和钙质结核;上部是褐黄色黄土状砂土,结构疏松,厚度为10～15m,组成各河谷的Ⅱ级阶地。该层总厚度为10～25m,不整合接触于下伏地层。

(2)冲湖积层(Qp_3^{all}):也就是萨拉乌苏组地层,主要分布在西部的沙漠滩地区。

下部为灰绿色含少量砾石的中细砂,砾石直径约 0.5cm;中部是青灰、姜黄色粉细砂夹有褐色淤泥条带及透镜体;上部是黄绿、灰褐色粉砂土和淤泥互层,水平层理发育。

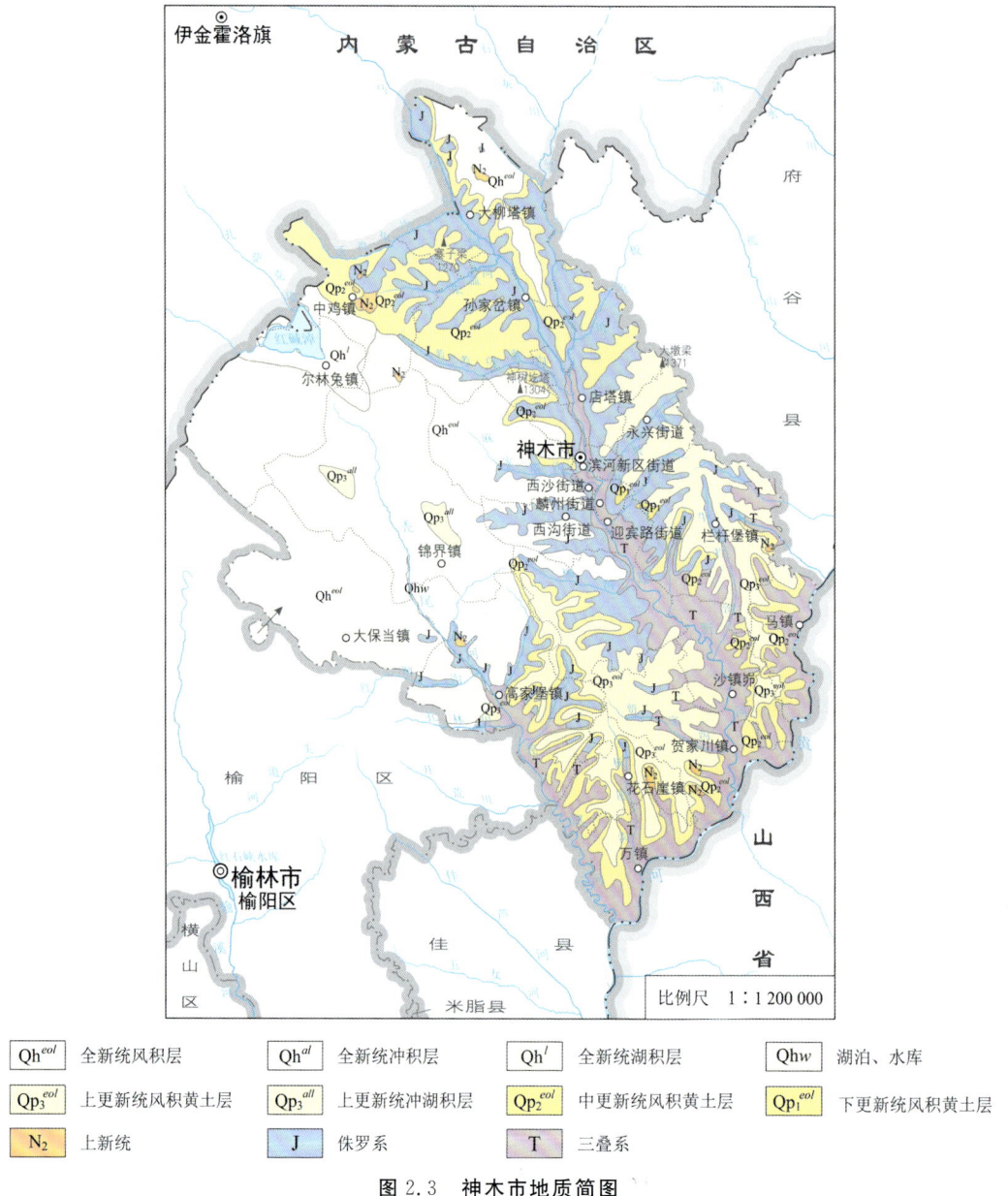

图 2.3 神木市地质简图

(3)马兰黄土(Qp_3^{eol}):浅灰黄色粉砂土,厚 30～60m,局部夹有一层古土壤,厚 0.2～0.5m。结构疏松,大孔隙、垂直节理及虫孔发育,多见于黄土梁峁中上部及部分河流阶地。

4. 全新统（Qh）

（1）风积层（Qh^{eol}）：岩性为浅黄、黄褐色的细沙，厚 5～20m，广泛分布于神木西部沙漠滩地区，也有部分分布在中北部黄土梁峁顶部低洼处。

（2）冲湖积层（Qh^{all}）：分布在西部沙漠滩地区以及其他低洼地带。岩性是灰黄、青灰色的淤泥质粉细砂，结构疏松。厚度为 1～5m。

（3）冲积层（Qh^{al}）：其上部主要为灰白色细沙及黄土状土，下部主要为粗沙砾石层，黄河两侧厚 20～30m，窟野河及秃尾河两侧厚 5～15m。该层岩性是神木市河漫滩和河流一级阶地的主要组成物质。

第三节 活动断裂遥感解译

神木市域内不发育活动断裂，陕西省地震风险灾害普查试点市县活断层遥感调查项目利用 Landsat8、GF6 等遥感数据，对神木市进行了 1:50 000 尺度的研究、划分与解译，后续还需实地调查验证。

遥感影像显示，测区第四纪构造主要为 NW、NNW 向（图 2.4），它们多构成第四纪地质的重要界线，其他方向的构造均十分次要。在神木市西南边界附近发现 2 个 NW 向狭长全新世冲洪积盆地，依据 V 字形法则判断其西南边界向 NE 倾，很可能为断陷盆地，暗示存在疑似第四纪晚期断层。

表 2.2 给出了图 2.4 所标出构造的具体特征及遥感影像证据。总括而言，F1 至 F8 为主要断层，其中 F3、F4、F6、F8 为疑似晚第四纪断层，尤其是前三条。F1、F2、F5、F7 为第四纪地质重要界线，也存在晚第四纪断层的可能。但是，F4、F6 在神木市以外（主要因为外延地质背景而包括其中），F3 位于神木市西南界附近。上述构造中除 F5、F7 外，均与前人（1:250 000 构造图）遥感解译构造有一定重合，只是本次赋予了较新的认识并给出了第四纪地质含义。

其余断层均不重要，规模小，主要根据线状沟槽、平直河谷等地貌特征解译，与第四纪地质关系不密切，应主要为前第四纪构造。

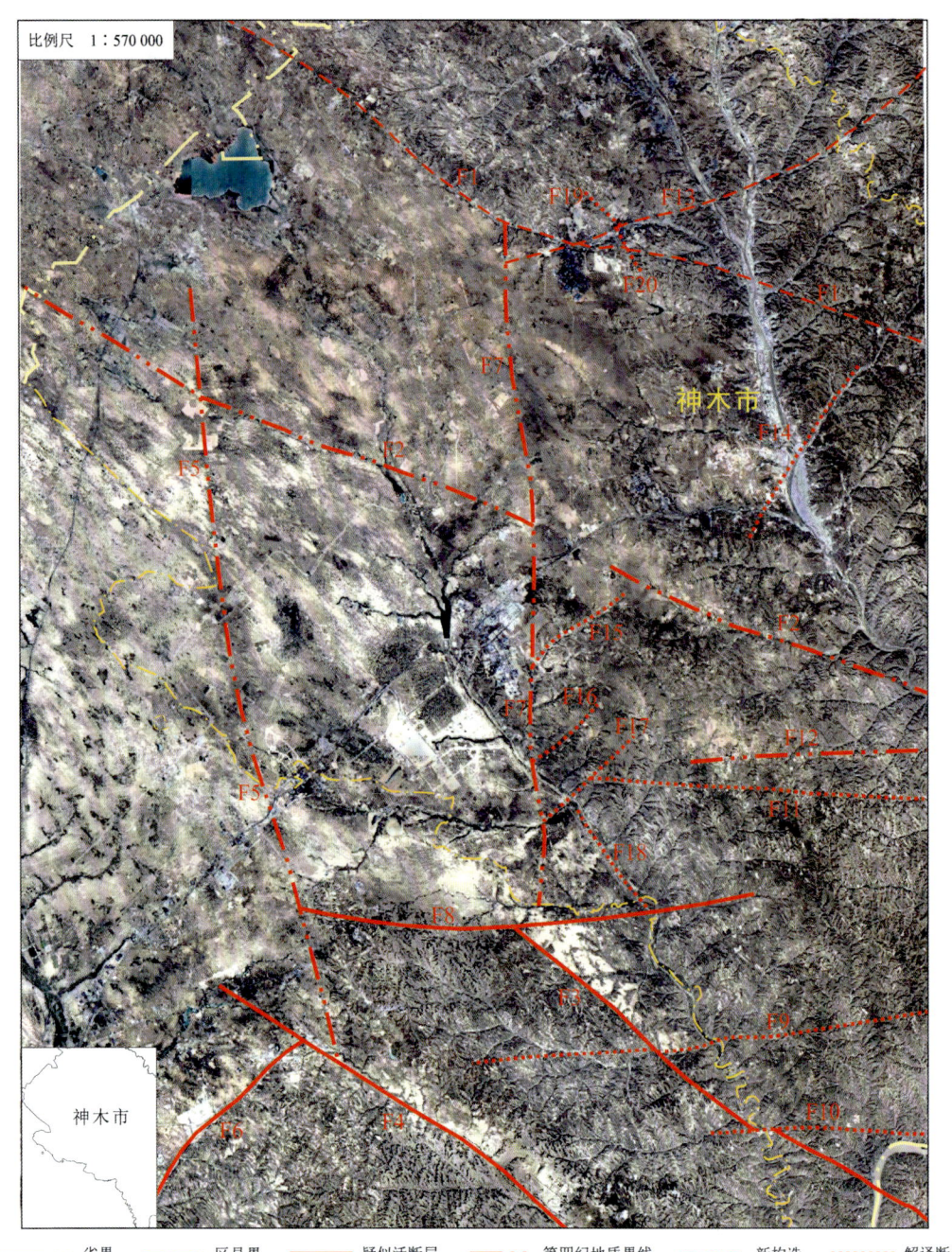

图 2.4 榆林神木市及其邻区遥感影像与主要断裂构造

表2.2 神木市及其邻区遥感解译断层主要特征

疑似断层编号	线性类型	特 征	活动时代	估计产状	备 注
F1	新构造	北为上新统泥岩、砂砾岩,南为中上更新统,区域上为大片出露上新统南界	第三纪末至中更新世	NW走向,SW盘下降,可能向NE倾	其北中生界大片出露,总体表现为抬升
F2	第四纪地质界线	西北段主要构成北部上更新统风成黄土与南部全新统风成砂之界线	晚更新世至全新世	NW走向,西北段SW盘总体抬升,估计SW倾	有线状山脊、平直河谷
F3	疑似晚第四纪断层	西北段NE侧发育NW向长条状全新世冲洪积盆地	可能为第四纪晚期	NE侧为断陷盆地,应为NE倾	神木市西南边界附近
F4	疑似晚第四纪断层	NE侧发育NW向长条状全新世冲洪积盆地,与F3平行	可能为第四纪晚期	NE侧为断陷盆地,应为NE倾	榆林市及佳县境内
F5	第四纪地质界线	为神木市西部大梁全新统风积砂的主要界线,向东出露较多中更新统	全新世地貌地质界线	NNW走向,倾向不明	沿NNW向大梁斜坡发育,向东低洼
F6	疑似晚第四纪断层	线状陡坎,NW侧全新统风积砂,SE侧上更新统风成黄土	可能为第四纪晚期	NE走向,NW倾,正断层	榆林市东南侧
F7	第四纪地质界线	向东全新统风积砂几乎无,大沟出露T-J基岩,边部中更新统砂土石,山坡覆盖上更新统黄土	晚更新世—全新世	NS走向,其他不详	神木市中部清晰地质界线
F8	疑似晚第四纪断层	全新统风积砂南界,向东断错NW向长条状全新世冲洪积盆地	可能为第四纪晚期	近EW向,其他不详	神木市西南边界附近
F9~F11	解译断层	据断续线状沟槽或切穿河谷有痕迹	不详	近EW走向,其他不详	可能的次级构造
F12	第四纪地质界线	线状沟槽,南有全新统冲洪积物、北为上更新统风成黄土	晚更新世—全新世	EW走向,其他不详	小规模,也可能是黄土湿陷所致

表 2.2(续)

疑似断层编号	线性类型	特 征	活动时代	估计产状	备 注
F13	新构造	线状沟槽、线状山脊、平直河谷等地貌特征明显	第三纪末至中更新世	NE 走向,其他不详	发育北部第三系、第四系中
F14	解译断层	穿神木市北,河谷形成三叠系基岩陡坎、平直河流,南段通过全新统洪积扇	可能为第四纪	NE 走向,其他不详	从河谷中基岩陡坎看也可能为老断层
F15	解译断层	主要据平直河谷、控制第四系分布解译	可能为第四纪	NE 走向	可能为次级构造
F16～20	解译断层	小断层,主要据线状沟槽、平直河谷等地貌解译	不详	NE 或 NW 走向,其他不详	可能为次级构造

注:* 主要指1:250 000 构造图。

第四节　地震活动

从历史和现代地震活动来看,神木市所在的鄂尔多斯块体内部很少发生天然地震(图2.5),由于煤炭采空区较多,仪器记载 2004～2020 年发生 3 级以下塌陷地震 213 个,最大地震 M_L4.3 级(M_s=3.8)。在其周缘历史上发生过 3 次 5 级以上地震,1970 年以来发生过 1 次 3 级以上地震,分别为 1448 年 10 月 9 日 $5\frac{1}{2}$ 级、1542 年 8 月 21 日 5 级、1923 年 11 月 18 日 $5\frac{1}{2}$ 级和发生在榆林地区的 1997 年 11 月 19 日的 M_L3.1 级地震(图 2.5)。

区内由于构造表现不强烈,岩性较松软等因素,裂隙并不十分发育。但这些微弱的裂隙已将岩石切割成块状,造成岩石支离破碎、导致地下水下降、植被枯死,危岩耸立,客观上也为塌陷地震的发生创造了条件。

从公元前 780 年至今,根据历史地震记载,对神木市影响烈度大于等于Ⅵ度的历史地震还有 4 次(中国地震局震害防御司,1995;中国地震局震害防御司,1999),表 2.3 给出了这些地震对神木市的影响烈度。图 2.6 是神木市及周缘地区的综合等震线图。

第二章 神木市地震构造背景

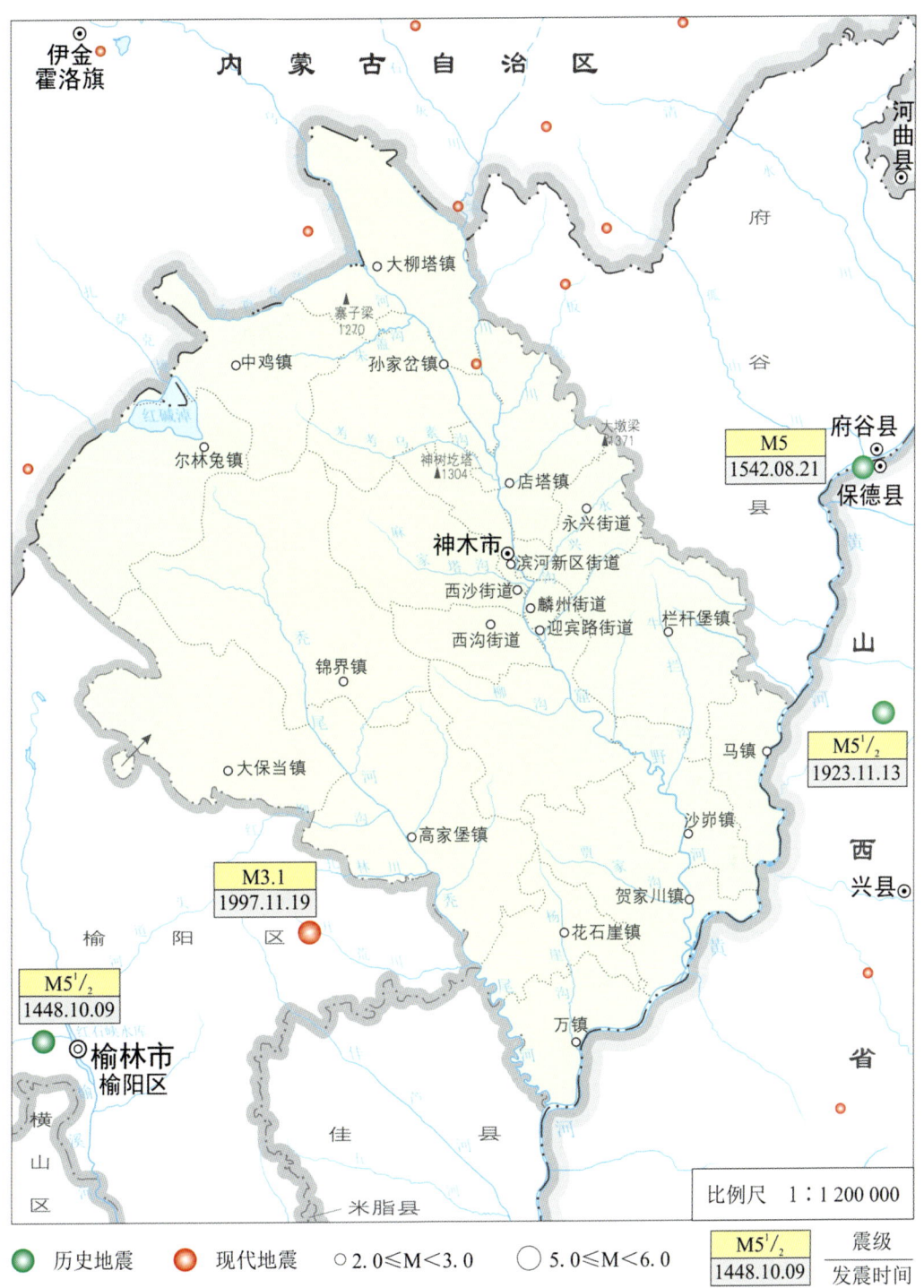

图 2.5 神木市及邻区地震分布图

表 2.3　周边地区历史地震对神木市的影响

序号	发震时间	震中经纬度	参考地名	震级	震中烈度	对神木市影响烈度
1	1303-09-25	36.3；111.7	山西赵城、洪洞	8	XI	VI
2	1556-02-02	34.5；109.7	陕西华县	$8\frac{1}{2}$	XI	V～VI
3	1739-01-03	38.8；106.5	宁夏平罗银川间	8	X^+	VI
4	1920-12-16	36.7；104.9	宁夏海原	8.5	XII	VI

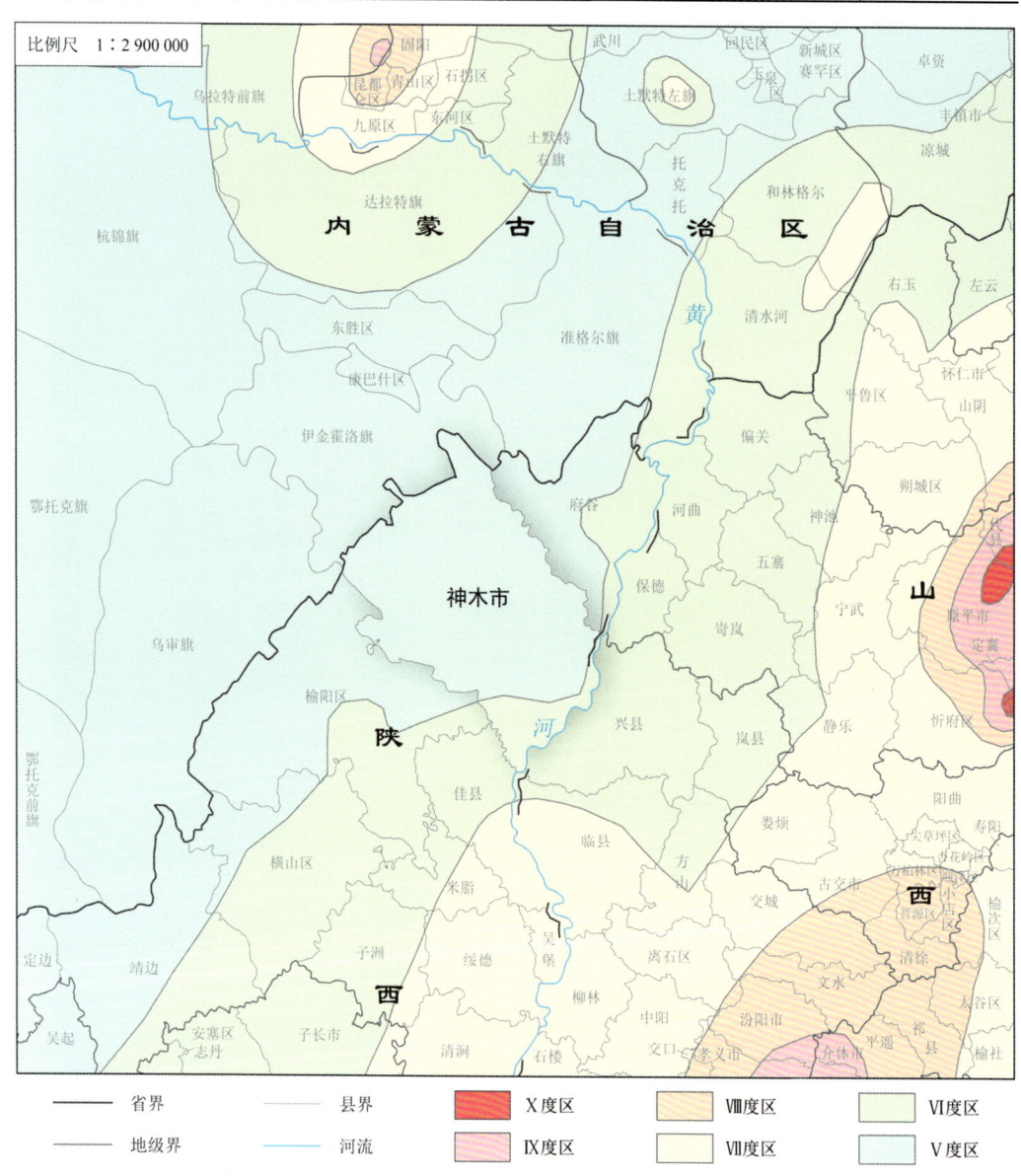

图 2.6　神木市及邻区历史地震等震线图

第三章

神木市地震危险性分析

地震危险性分析结果,是地震人员死亡和建筑物直接经济损失风险评估模型的重要参数,是开展地震灾害风险评估工作的基础。本章基于中国地震动参数区划图(GB18306—2015)地震活动性模型和第一次全国自然灾害综合风险普查技术规范相关要求,给出神木市50年超越概率63%、10%、2%和100年超越概率1%四个不同概率下的地震动峰值加速度和烈度结果,为地震灾害风险评估提供基础数据。

主要内容包括:地震活动性参数确定;地震动衰减关系确定;地震危险性概率分析计算;地震动参数场地调整、地震危险性区划和地震烈度区划。

第一节 地震危险性概率分析

为了使工程具有抗御未来可能遭遇到的地震破坏的能力,在其设计阶段,需要考虑工程寿命期内当地可能遭遇的地震动的强弱及其相关特性。然而,在目前的科学认识水平下,地震的发生及地震动特性都具有一定不可预见性,必须以概率方式评价和表达工程场地未来可能遭遇的地震影响,称为概率地震危险性分析(PSHA, Probabilistic Seiesmic Hazard Analysis)。概率地震危险性分析方法将工程场地周围地震构造环境特征、地震活动性特征以及地震动衰减特征的调查分析结果,表达为相应的概率分布函数,并通过概率理论计算,最终获得对工程场地地震危险性的概率表达。

CPSHA方法针对我国地震活动空间不均匀性的特征,借鉴我国地震区带划分、发震构造研究的成果,采用地震统计区以及地震统计区内划分的潜在震源区共同反映地震活动。地震统计区用以表征地震活动在空间上大尺度分区、分带的不均匀性;而潜在震源区用以表征地震区、带内更小尺度的关联于具体构造规模、活动性等特征的地震活动不均匀性。

该方法有三个最基本的假定:首先在地震统计区内,地震活动的震级分布满足截断的指数分布(G-R关系),震级服从指数分布;特定时段内发生地震次数满足泊松分布,并且地震活动在不同潜在震源区之间为不均匀分布,而在潜在震源区内部,地震活动则满足单位面积上的均匀分布。CPSHA方法能够更加细致地刻画地震活动时空不均匀性。

一、基本步骤

CPSHA方法的基本步骤概括如下:

(1)建立潜在震源区模型:划分未来地震潜在震源的空间分布区域,建立潜在震源空间分布模型,用以表述在不同区域范围内的地震活动特点。根据区域地震活动空间分布特征,CPSHA方法中潜在震源区模型由地震统计区和潜在震源区2个层次构成。地震统计区用以反映地震活动的分区、分带特征,地震统计区内划分潜在震源区用以反映局部地震活动的不均匀性。

(2)建立地震震级复发模型:假定地震统计区的地震震级复发模型符合截断的指数分布关系,即G-R关系。根据地震统计区内地震样本统计确定地震统计区的G-R关系参数,主要为G-R关系的系数b值。

(3)建立地震事件发生模型:假定地震统计区内一定时段内发生的地震次数满足泊松分布。根据地震统计区内地震样本统计确定地震统计区的泊松分布参数,主要为泊松分布的单位时段内的均值发生率v值。

(4)建立地震动预测模型:采用经验性的地震动参数衰减关系预测地震动,并考虑衰减关系拟合误差导致的随机不确定性。根据区域地震动衰减的特征,基于区域或更大范围内观测得到的强震动数据,拟合建立地震动参数的衰减关系,并确定其拟合方差。

(5)计算场点的地震危险性:采用全概率理论,综合计算各地震统计区内所有潜在震源区发生的地震在场点产生的地震动超越概率,综合得到场点地震动参数的超越概率曲线,确定场点的地震危险性。

二、地震危险性分析计算

依据以上基本步骤和全概率公式可得到基于潜在震源区参数的场点地震动参数A超越给定值a的超越概率为:

$$P(A \geqslant a) = 1 - \exp\left[-\sum_{k=1}^{N_z}\sum_{j=1}^{N_m}\sum_{i=1}^{N_{ks}}\iint_{(x,y)} P(A \geqslant a \mid m_j,(x,y)) \cdot \frac{\nu_{m_0 k} f_{k,m_i}}{As_{k_i}} \cdot \frac{2\exp[-\beta_k(m_j - m_0)]}{1 - \exp[-\beta_k(m_{uzk} - m_0)]} \cdot \mathrm{sh}\left(-\frac{\beta_k}{2} \cdot \Delta m\right) \mathrm{d}x\mathrm{d}y\right]$$

式中:N_{ks}为第k个地震统计区内潜在震源区个数;N_m为震级分档数;N_z为区域内地震统计区数;$P(A \geqslant a \mid m_j,(x,y))$为衰减关系拟合方差导致的随机不确定性;$As_{k_i}$为第$k$个地震统计区内的第$i$个潜在震源区面积;$m_0$为震级下限;$m_{uzk}$为第$k$个地震统计区的震级上限;$\beta_k = b_k \ln 10$;$\nu_{m_0 k}$为$m_0$级以上地震年平均发生次数;$f_{k,m_i}$为第$k$个地震统计区内第$i$个潜在震源区、第$m_j$震级档的地震空间分布函数。

三、潜在震源区模型

1. 基本概念

概率地震危险性分析中,用以表征关联于特定地震构造背景,并具有独立的地震活动统计特征的未来地震震源空间分布模型。

在经典PSHA方法中,潜在震源区模型就是单一的潜在震源区,它可能由断裂、特殊构造变形带、地震分布密集区或条带等确定,每个潜在震源区具有独立的地震活动性统计特征,不考虑其内部地震活动可能的不均匀分布。

而在CPSHA方法中,潜在震源区模型更加复杂,采用层次型空间分布模型。在以往的地震区划图编制中,潜在震源区模型由地震统计和潜在震源区2个层次构成,联合反映与特定地震构造体系或构造单元相关的未来地震震源的分布特征,及其地震活动统计特征。以地震统计区反映大型地震构造体系或构造单元呈现出的地震活动呈区带分布的空间特征及其地震活动总体统计特征;以潜在震源区表征地震构造体系内部受局部发震构造控制的地震活动不均匀性,表现为局部地震活动在活动强度、活动水平等方面的差异性,且在潜在震源区内部地震活动均匀分布。

2. 三级潜在震源区模型

本工作中,进一步将潜在震源区又区分成 2 个层次不同的潜在震源,即三级潜在震源区模型。

地震活动性研究成果表明,我国地震活动在地震带内部不同的段落和部位中小地震活动水平和强度往往还表现出分区、分段的差异,同时中强地震活动受到活动断裂的控制。为此,在地震统计区内部,根据地震构造条件和中小地震活动水平差异,划分出背景地震活动潜在震源区,又进一步在背景地震活动潜在震源区内再根据断裂构造和地震活动条带划分出构造潜在震源区,三者构成潜在震源区模型,以综合反映不同尺度区域地震活动分布及其特征。

三级潜在震源区模型由地震统计区、背景地震活动潜在震源区(简称背景源)和构造潜在震源区(简称构造源)构成。三者在空间上构成三级覆盖,地震统计区位于最底层,背景源覆于其上,构造源覆于背景源之上(图3.1),这也反映了不同源构造背景的差异及其相互之间影响和控制的关系。

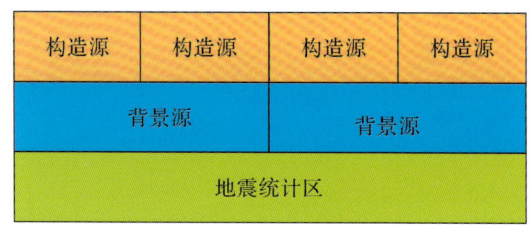

图 3.1　三级潜源的构造关系

地震统计区是根据地震分区、分带的地震活动特征确定的,它用以反映地震活动的总体统计特征;背景源的划分,重点依据了地震区带中的不同部分和段落在地震构造背景上的差异,及其对地震活动性的影响,用以反映不同地震构造环境中,中小震级地震活动特征的差异;构造源是依据局部构造条件及其地震活动特征划分,重点考虑了构造条件对中强地震的控制作用,用以反映局部构造相关的中强震级地震活动特征。地震统计区内地震活动性的不均匀性,由构造源上的中强地震活动性和背景源上中小地震活动性共同表现出来。

在模型中,背景源将重点表征构造源以外地震活动的水平。注重给予没有识别出发震构造的地区以一定的地震危险性背景,反映对发震构造认识的不确定性。对于发震构造较难识别的中等强度地震活动区,背景源的划分更加重要,目前对这类地区中强地震发震构造认识水平的不足,不应忽视其可能的地震危险性。

第二节 地震活动性参数确定

根据第五代地震动参数区划图潜在震源区三级划分方案,即地震带(地震统计区)、地震构造区、潜在震源区划分方案。地震统计区的地震活动性参数包括:地震统计区震级上限 m_{uz}、震级下限 m_0、b 值、ν_{m_0} 值。

本节对三级划分中的地震构造区划分和潜在震源区划分方案及活动性参数一并进行简单叙述。

一、地震区带划分及其活动性参数

本工作采用编制《中国地震动参数区划图》(GB18306—2015)所采用的地震区带划分方案,具体如下:第五代地震动参数区划图把中国及其邻区划分出 8 个地震区,分别为台湾地震区、华南地震区、华北地震区、东北地震区、青藏地震区、新疆地震区、南海地震区和东海地震区。除东北地震区、南海地震区和东海地震区未进一步划分地震带外,其余 5 个地震区中划分出 24 个地震统计区和鄂尔多斯、塔里木—阿拉善两个弱地震区,共计 29 个地震统计区,如图 3.2 所示。

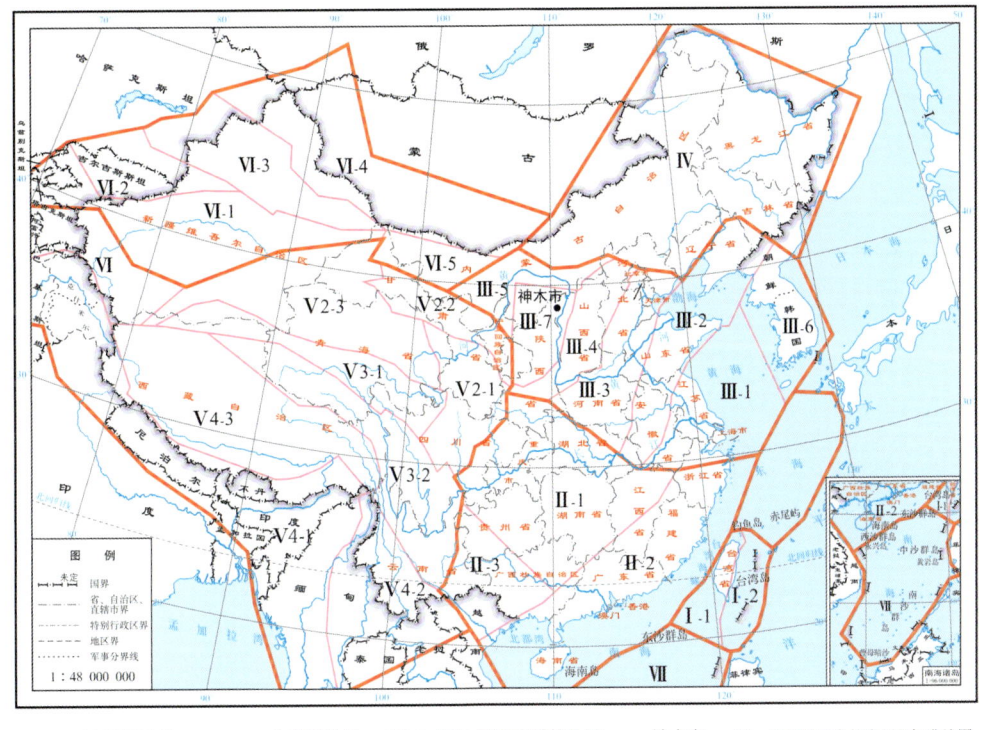

中国及邻区地震区、带划分图(来源:GB18306—2015《中国地震动参数区划图》宣贯教材)- 4800 标准图

神木市位于华北地震区内的鄂尔多斯地震统计区,图3.3给出了神木市行政边界外延不小于200km范围内的地震统计区分布情况,共涉及4个地震统计区,分别为鄂尔多斯地震统计区、汾渭地震统计区、银川—河套地震统计区、东北地震统计区。

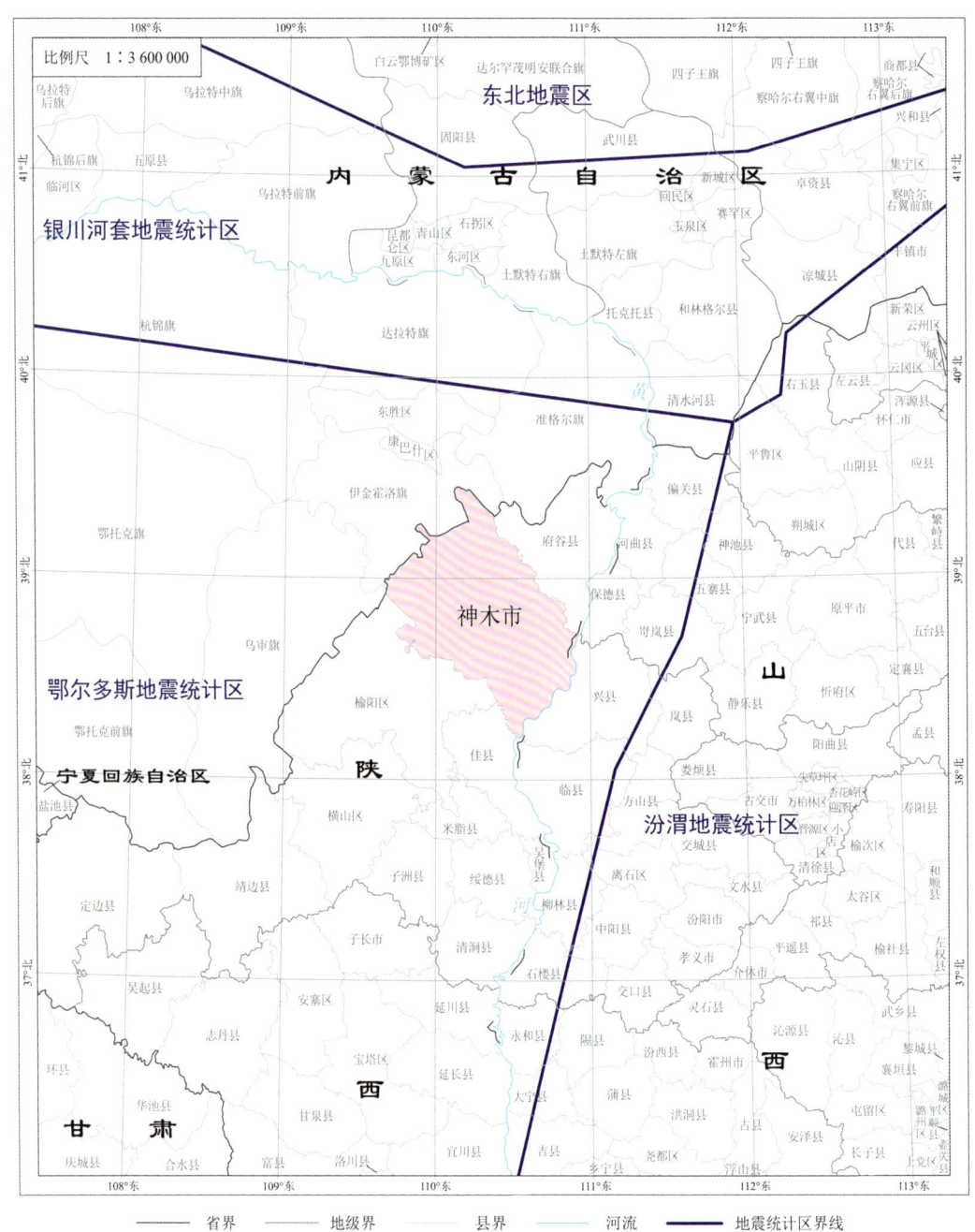

图 3.3 神木市及邻区地震统计区分布图

在统计各地震统计区地震活动性参数时,引用了五代图的统计方法(详见中国地震动参数区划图技术报告《地震活动性参数确定专题报告》,中国地震动参数区划图编制组,2011年6月)。现分述如下。

1. 汾渭地震统计区

(1)实际资料:汾渭地震统计区为强震活动区,最大地震震级达到 $8\frac{1}{4}$ 级。该区最早的地震记载始于公元前23世纪,公元1000年前的地震资料缺失严重,公元1000年以来 $M \geqslant 6$ 级的地震记录较为连续,1500年以来 $M5$ 级以上的地震资料较完整,1950年以来 $M4$ 级以上的地震记录较全。公元1209和公元1484年是2个地震活动相对密集期的开始,而1484年以来的地震活动水平要高于前一个活动期。未来地震活动水平不应低估活跃期地震活动水平。表3.1给出了汾渭地震统计区不同时段地震发生率的统计。

(2)震级上限 M_{uz} 和起算震级 M_0:地震统计区的震级上限 M_{uz} 是其发生概率趋于零的震级上限值,与地震统计区上的历史最大地震震级、地震统计区的活动水平以及该统计区的最大地震重复周期有关。综合历史地震资料,本次工作确定汾渭地震统计区的震级上限值 $M_{uz}=8.5$。起算震级 M_0 系指对工程场地有破坏性影响的最小震级。由于区域范围内地震属浅源地震,一些4级地震也可能产生一定程度的破坏,故在本工作中 $M_0=4.0$。

表3.1 汾渭地震统计区不同时段地震年平均发生率

时间段	M4.0级以上地震累积年平均发生率								
	4.0	4.5	5.0	5.5	6.0	6.5	7.0	7.5	8.0
1000年至2022年6月					0.024 7	0.020 8	0.006 9	0.003 0	0.002 0
1209年至2022年6月					0.027 4	0.022 4	0.007 5	0.003 7	0.002 5
1484年至2022年6月			0.172 7	0.089 2	0.032 3	0.024 7	0.009 5	0.003 8	0.001 9
1500年至2022年6月			0.168 3	0.086 1	0.029 4	0.023 5	0.009 8	0.003 9	0.002 0
1950年至2022年6月	3.114 8	0.934 4	0.377 0	0.163 9	0.016 4				

(3) ν_4 与 b 值统计计算:根据该地震统计区地震活动特征与实际资料状况,确定汾渭地震统计区地震活动性参数为 $b=0.78$,$\nu_4=2.5$。

2. 鄂尔多斯地震统计区

鄂尔多斯地震统计区地震活动微弱,仅有 14 次 5 级以上地震记载,最大地震为 $5\frac{1}{2}$ 级,但该区历史上大致在 1540~1685 年、1880~1925 年间 5 级地震较为活跃,分别发生过 10 次和 5 次地震,年平均发生率分别达到 0.069 和 0.11,1900 年以来 $M \geq 5$ 级地震的年平均发生率达到 0.027。将该区与地震活动较弱的长江中游地震统计区进行类比,取 $b=1.20$,以上述 $M \geq 5$ 级地震年平均发生率推算 ν_4 并取均值,$\nu_4=1.0$。确定鄂尔多斯地震统计区的震级上限值 $M_{uz}=6.5$,起算震级 $M_0=4.0$。

3. 银川—河套地震统计区

(1) 实际资料:银川—河套地震统计区为强震活动区,最大地震震级达到 8 级。该区最早的地震记载始于公元 849 年 10 月 24 日包头 7 级地震,但银川—河套地震统计区地震资料缺失较多,1500 年以来只记到 1 次 7 级以上地震,直到 1920 年以后 $M5$ 级以上的历史地震资料才较为完整,20 世纪以来该区 6 级以上地震活动显著增强。1970 年以后 $M4$ 级以上地震记录较全。表 3.2 给出银川—河套地震统计区不同时段地震发生率的统计。

表 3.2 银川—河套地震统计区不同时段地震年平均发生率

时间段	$M4.0$ 级以上地震累积年平均发生率								
	4.0	4.5	5.0	5.5	6.0	6.5	7.0	7.5	8.0
1500 年至 2022 年 6 月					0.013 7				0.002 0
1900 年至 2022 年 6 月					0.054 1				
1920 年至 2022 年 6 月			0.263 7	0.120 9	0.065 9				
1970 年至 2022 年 6 月	4.073 2	1.000 0	0.341 5	0.097 6					

(2) 震级上限 M_{uz} 和起算震级 M_0:依据与汾渭地震统计区相同的确定方法,确定银川—河套地震统计区的震级上限值 $M_{uz}=8.0$,起算震级 $M_0=4.0$。

(3) ν_4 与 b 值统计计算:根据该地震统计区地震活动特征与实际资料状况,确定银川—河套地震统计区地震活动性参数为 $b=0.90$,$\nu_4=4.5$。

4. 东北地震统计区

(1) 实际资料:东北地震统计区浅源地震活动较弱,以中等强度地震活动为主要特征,最大地震为 $M6\frac{3}{4}$ 级。该区最早的地震记载始于公元 419 年,1920 年之前的地震资料缺失严重,自 1920 年以来 $M5$ 级以上的地震资料比较完整,1970 年以后 $M4$ 级以上的地震记录较全。东北地震统计区自 1920 年以来地震活动一直较为平稳,未来该区地震活动水平应不低于自 1920 年以来的平均活动水平。表 3.3 给出东北地震统计区不同时段地震发生率的统计。

表 3.3　东北地震统计区不同时段地震年平均发生率时间段

时间段	M4.0 级以上地震累积年平均发生率								
	4.0	4.5	5.0	5.5	6.0	6.5	7.0	7.5	8.0
1900 年至 2022 年 6 月		0.351 4	0.126 1	0.036 0	0.009 0	0.000 0	0.000 0		
1920 年至 2022 年 6 月		0.417 6	0.142 9	0.033 0	0.000 0	0.000 0	0.000 0		
1970 年至 2022 年 6 月	4.951 2	1.658 5	0.463 4	0.122 0	0.000 0	0.000 0			

(2)震级上限 M_{uz} 和起算震级 M_0:依据与汾渭地震统计区相同的确定方法,确定东北地震统计区的震级上限值 $M_{uz}=7.5$,起算震级 $M_0=4.0$。

(3)ν_4 与 b 值统计计算:根据该地震统计区地震活动特征与实际资料状况,确定东北地震统计区地震活动性参数为 $b=1.0$,$\nu_4=5.0$。

地震统计区的地震活动性参数主要包括:地震统计区震级上限 M_{uz}、震级下限(起算震级)M_0、b 值、ν_{m_0} 值。涉及的 4 个地震统计区地震活动性参数见表 3.4。

表 3.4　地震区带划分及其活动性参数

地震区名称	地震统计区名称	震级上限 M_{uz}	起算震级 M_0	本底地震	b	ν_4
华北地震区	鄂尔多斯地震统计区	6.5	4.0	5.0	1.20	1.0
	汾渭地震统计区	8.5	4.0	5.5	0.78	2.5
	银川—河套地震统计区	8.0	4.0	5.5	0.90	4.5
东北地震区	东北地震统计区	7.5	4.0	5.0	1.00	5.0

二、潜在震源区划分方案及其空间分布函数

(一)潜源划分

按照潜在震源三级划分的技术要求,在地震统计区的基础上,要进一步划分出不同背景地震活动特征的地震构造区(背景源),本书直接采用中国地震动参数区划图(GB18306-2015)的相关结果,考虑到潜源对场地危险性计算结果的影响,本次研究

根据潜源影响给出神木市行政边界外延不小于200km范围内的潜源分布方案。共涉及潜源35个,其中汾渭地震统计区18个,银川—河套地震统计区17个,潜源名称等见表3.5,潜源分布如图3.4所示。

表3.5 构造潜在震源区(简称构造源)及震级上限

地震统计区	潜源编号	构造源名称	震级上限 M_u	地震统计区	潜源编号	构造源名称	震级上限 M_u
汾渭	208	丰镇—右玉	6.0	银川—河套	260	托克托	6.0
	209	古交	6.0		261	杭锦旗东	6.0
	210	蒲县	6.0		262	杭锦旗西	6.0
	211	交口—离石	6.0		264	和林格尔	6.5
	216	昔阳	6.5		265	临河—五原	6.5
	217	阳泉—盂县	6.5		266	乌拉特前旗中	6.5
	225	浮山	7.0		267	杭锦后旗	6.5
	226	灵石	7.0		272	黑老窑	7.0
	227	平遥	7.0		273	呼和浩特	7.0
	228	太原	7.0		274	乌拉特前旗	7.0
	232	五台	7.0		275	固阳县	7.0
	238	文水—交城	7.5		276	乌拉特前旗北	7.0
	239	忻州	7.5		281	凉城	7.0
	244	代县—繁峙	7.5		284	土默特左旗	7.5
	245	朔州—大同	7.5		285	包头	7.5
	249	霍州	8.0		286	乌拉特中旗南	7.5
	250	原平	8.0		287	土默特右旗	8.0
	252	临汾	8.0				

第三章 神木市地震危险性分析

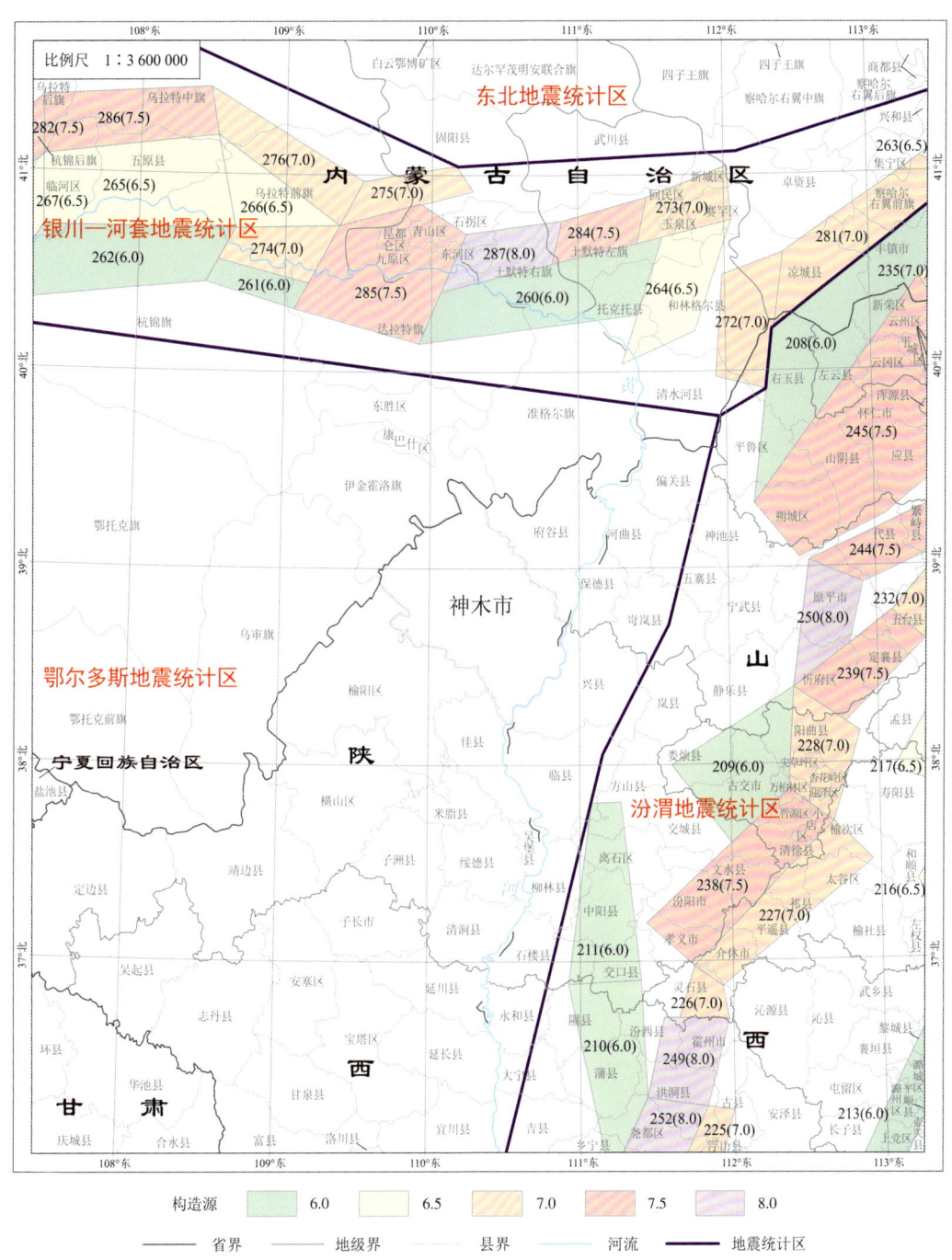

图 3.4 神木市及邻区潜源分布图

(二)潜在震源区的地震活动性参数

潜在震源区地震活动性参数包括震级上限 M_u、空间分布函数 f_{i,M_j}、地震破裂方向概率分布函数。

1. 震级上限 M_u

潜在震源区的震级上限 M_u 以历史地震和构造类比为主要依据进行确定,本区域主要潜在震源区的震级上限见表3.5。

2. 空间分布函数 f_{i,M_j}

为了不低估高震级地震对场地危险性的影响和充分反映地震活动的时空不均匀性,用按震级档的空间分布函数来表征各潜在震源区的特征。即地震统计区内第 i 个潜在震源区 M_j 震级档的地震年平均发生率(ν_{i,M_j})可以表示为:

$$\nu_{i,M_j} = \begin{cases} \dfrac{2\nu e^{-\beta(M_j-M_0)} \mathrm{sh}(0.5\beta\Delta M)}{1-e^{-\beta(M_u-M_0)}} f_{i,M_j} & (M_0 < M_j < M_{uj}) \\ 0 & (M_{uj} < M_j < M_u) \end{cases}$$

式中,ν 为地震统计区内 $M \geqslant 4$ 地震的年平均发生率;M_u 为地震统计区的震级上限;ΔM 为震级分档间隔;M_j 为分档间隔中心对应的震级值;$\beta = b \times \ln10$;$\mathrm{sh}(0.5\beta\Delta M)$ 为正弦双曲线函数;f_{i,M_j} 为空间分布函数。

3. 等震线长轴取向分布函数(方向性函数)

根据区域地震破坏分布特点,等震线常呈椭圆形,等震线长轴取向对地震危险性起着一定的作用。等震线长轴取向用分布函数 $f(\theta)$ 表示,其概率分布大致分为4种类型。

$$f(\theta) = P_1 \delta(\theta_1) + P_2 \delta(\theta_2)$$

式中,P_1、P_2 为取向概率;θ_1、θ_2 为构造走向与正东方向的夹角。

(1)只有单一走向断层的震源区,$f(\theta) = f(\theta_1)$,其中 θ_1 为断层走向。

(2)有共轭断层的震源区,$f(\theta) = 0.5\delta(\theta_1) + 0.5\delta(\theta_2)$,其中 θ_1 和 θ_2 分别为共轭断层的2个方向。

(3)对于以一个走向断层为主,另一个走向断层为辅的震源区,$f(\theta) = 0.7\delta(\theta_1) + 0.3\delta(\theta_2)$,其中 θ_1 和 θ_2 分别为主干断裂与分支断裂的走向。

(4)对于断层走向不清的震源区,包括本底地震,则等震线长轴方向在 0°~180° 范围内均匀分布。

4. 主要潜在震源区的地震活动性参数

根据上述原则和方法,本书最终确定了区域及邻近地区潜在震源区划分方案中各潜在震源区的地震活动性参数。表3.6列出了主要潜在震源区的地震活动性参数。

表 3.6 区域范围所涉及的主要构造源震级上限、空间分布函数和方向性函数

潜源编号	潜源名称	震级中心档所对应的空间分布函数						震级上限	方向性函数			
		4.0~4.9	4.9~5.4	5.5~5.9	6.0~6.4	6.5~6.9	7.0~7.4	≥7.50		θ_1/(°)	P_1	θ_2/(°)	P_2
208	丰镇—右玉	0.011 45	0.015 57	0.063 28					6.0	20	1.0	0	0.0
209	古交	0.010 72	0.006 25	0.027 96					6.0	60	1.0	0	0.0
210	蒲县	0.008 25	0.020 20	0.026 97					6.0	100	1.0	0	0.0
211	交口—离石	0.003 98	0.018 89	0.023 95					6.0	95	1.0	0	0.0
216	昔阳	0.012 30	0.007 97	0.026 42	0.032 48				6.5	70	1.0	0	0.0
217	阳泉—盂县	0.006 56	0.010 41	0.009 36	0.011 50				6.5				
225	浮山	0.010 59	0.016 82	0.011 49	0.031 58	0.033 21			7.0	60	1.0	0	0.0
226	灵石	0.015 23	0.008 45	0.015 11	0.018 55	0.034 92			7.0	70	1.0	0	0.0
227	平遥	0.012 14	0.010 41	0.015 36	0.026 78	0.046 50			7.0	45	1.0	0	0.0
228	太原	0.007 35	0.015 85	0.022 82	0.012 06	0.043 71			7.0	80	1.0	0	0.0
232	五台	0.007 88	0.012 50	0.013 29	0.016 33	0.027 03			7.0	60	1.0	0	0.0
238	文水—交城	0.013 90	0.011 52	0.023 56	0.037 43	0.028 91	0.073 00		7.5	45	1.0	0	0.0
239	忻州	0.008 66	0.015 34	0.019 43	0.023 88	0.012 20	0.087 12		7.5	60	1.0	0	0.0
244	代县—繁峙	0.012 93	0.007 77	0.026 67	0.014 20	0.020 23	0.051 09		7.5	30	1.0	0	0.0
245	朔州—大同	0.033 77	0.019 60	0.043 22	0.118 86	0.067 73	0.171 10		7.5	30	1.0	0	0.0
249	霍州	0.015 10	0.009 26	0.019 24	0.023 67	0.019 64	0.049 61	0.185 12	8.0	70	1.0	0	0.0
250	原平	0.006 72	0.019 83	0.017 10	0.021 04	0.015 19	0.050 52	0.230 35	8.0	80	1.0	0	0.0
252	临汾	0.010 45	0.021 08	0.011 39	0.031 32	0.027 52	0.022 44	0.178 33	8.0	60	0.7	150	0.3
260	托克托	0.022 25	0.015 85	0.022 80					6.0	20	1.0	0	0.0
261	杭锦旗东	0.010 76	0.020 26	0.013 29					6.0	150	1.0	0	0.0
262	杭锦旗西	0.008 00	0.045 52	0.019 81					6.0	10	1.0	0	0.0
264	和林格尔	0.020 24	0.015 82	0.014 63	0.037 78				6.5	55	1.0	0	0.0
265	临河—五原	0.022 60	0.020 42	0.009 53	0.062 37				6.5	20	1.0	0	0.0
266	乌拉特前旗中	0.015 85	0.029 86	0.013 50	0.034 88				6.5	10	1.0	0	0.0
267	杭锦后旗	0.019 72	0.015 38	0.013 81	0.035 64				6.5	30	1.0	0	0.0
272	黑老窑	0.014 60	0.011 41	0.007 02	0.041 79	0.069 15			7.0	80	1.0	0	0.0
273	呼和浩特	0.019 09	0.014 91	0.013 51	0.034 88	0.057 47			7.0	20	1.0	0	0.0
274	乌拉特前旗	0.019 09	0.014 91	0.013 51	0.034 88	0.056 86			7.0	0	1.0	0	0.0
275	固阳县	0.018 98	0.014 83	0.008 35	0.054 64	0.056 47			7.0	20	1.0	0	0.0
276	乌拉特前旗北	0.020 14	0.015 74	0.013 88	0.035 81	0.056 36			7.0	135	1.0	0	0.0
281	凉城	0.016 93	0.013 22	0.012 12	0.031 29	0.068 04			7.0	30	1.0	0	0.0
284	土默特左旗	0.008 69	0.049 37	0.016 32	0.022 55	0.036 92	0.142 34		7.5	15	1.0	0	0.0
285	包头	0.024 62	0.018 14	0.019 60	0.050 56	0.072 63	0.171 35		7.5				
286	乌拉特中旗南	0.017 68	0.033 28	0.018 21	0.025 20	0.040 64	0.128 05		7.5	20	1.0	0	0.0
287	土默特右旗	0.016 91	0.031 87	0.014 43	0.037 25	0.028 63	0.104 89	0.128 64	8.0	10	1.0	0	0.0

注：M_u 为各潜在震源区的上限；θ_1、θ_2 为破裂长轴取向角度，P_1、P_2 为相应取向概率。

第三节　地震动衰减关系确定

地震动衰减关系是计算场地地震动参数的重要因素，对于不同地区由于介质不同而衰减规律可能差别较大。本次工作依据第一次全国自然灾害综合风险普查技术规范FXPC/DZ P—01《地震危险性图编制规范》（中国地震局2021年3月）的要求，确定地震动衰减关系，具体引用的内容如下所述。

一、地震动衰减关系分区

全国地震动衰减关系分区是以地震区带为基本单元，综合考虑地震烈度衰减的分区特征、地震活动水平的区域性特征确定的，分为青藏区、新疆区、东部活跃区和中强地震区（如图3.5所示）。

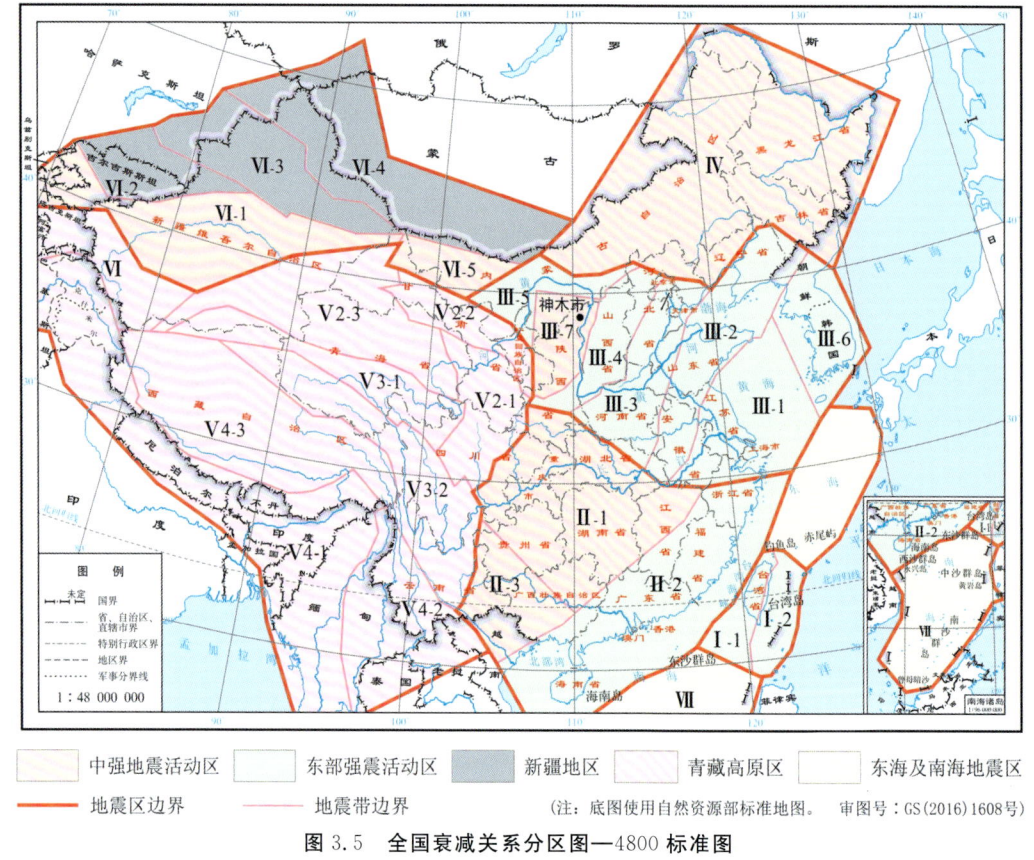

图3.5　全国衰减关系分区图—4800 标准图

（1）青藏区：青藏地震区（西昆仑－帕米尔地震带、龙门山地震带、六盘山—祁连山地震带、柴达木－阿尔金地震带、巴颜喀拉山地震带、鲜水河－滇东地震带、喜马拉雅地震带、滇西南地震带、藏中地震带）。

（2）新疆区：新疆地震区除塔里木—阿拉善地震带的其他区域（阿尔泰山地震带、北天山地震带、中天山地震带、南天山地震带）。

（3）东部活跃区：华北地震区（银川—河套地震带、汾渭地震带、华北平原地震带、郯庐地震带、长江下游—南黄海地震带）、华南沿海地震带。

（4）中强地震区：东北地震区、长江中游地震带、右江地震带、鄂尔多斯地震带、塔里木—阿拉善地震带。

从图3.5可以看出，神木市位于中强地震区鄂尔多斯地震带，即神木市位于衰减关系分区图中强地震区内，因此本次计算选取中强地震区衰减关系。

二、基岩地震动衰减关系模型

地震动衰减关系与地震震源特性和地震波传播途径中的介质有关，关系式中的震级 M 和距离 R 就分别是震源特性与震波传播途径中介质影响的简单表示。在我国中等强度以上地震，特别是7级以上大地震的等震线大多呈近似椭圆形，所以地震动衰减关系常采用考虑长、短轴的椭圆衰减模型。模型公式如下所示：

当 $M<6.5$ 时，

$$\lg Y(M,R) = A_1 + B_1 M - C \lg\left(R + D \exp(E \times M)\right)$$

当 $M \geqslant 6.5$ 时，

$$\lg Y(M,R) = A_2 + B_2 M - C \lg\left(R + D \exp(E \times M)\right)$$

式中，Y 为峰值加速度或反应谱值，单位为 gal；M 为面波震级；R 为震中距，单位为 km；A_1、A_2、B_1、B_2、C、D、E 为模型参数。

根据第一次全国自然灾害综合风险普查地震危险性图编制任务调整要求，本次工作只给出神木市基岩地震动（PGA）衰减关系的长轴和短轴模型系数，具体见表3.7。

表3.7 神木市基岩地震动衰减关系模型系数

T(s)	方向	A_1	B_1	A_2	B_2	C	D	E	σ
PGA	长轴	2.452	0.499	3.808	0.290	2.092	2.802	0.295	0.245
	短轴	1.738	0.475	2.807	0.310	1.734	1.295	0.331	0.245

注：σ 为标准差，使用范围 $M=5.0\sim7.0$，$R=0\sim200\text{km}$。

第四节 概率地震危险性计算

一、技术要素

依据第一次全国自然灾害综合风险普查技术规范 FXPC/DZ P—01《地震危险性图编制规范》（中国地震局2021年3月）的要求，按照1∶250 000万比例尺确定计算控制点，严格按照《关于印发地震灾害风险普查标准格网数据制作说明的函》（震防御函

〔2021〕124号)制作神木市经纬度6″标准格网,得到279131个格网点作为计算控制点,确保基于国普办统一的标准格网数据要求制作,标准格网数据坐标系为CGS2000;标准格网数据制作工具采用ArcGIS desktop 10.2。

概率水平选取50年超越概率63%、50年超越概率10%、50年超越概率2%和100年超越概率1%共4个概率水平。

二、地震动参数结果

通过中国地震灾害防御中心提供的SEC软件进行地震危险性概率计算,得到了4种概率水平下的峰值加速度。神木市50年超越概率63%、50年超越概率10%、50年超越概率2%和100年超越概率1%的基岩水平地震动加速度峰值范围分别为13.31～18.81gal、36.62～49.30gal、66.89～82.04gal和95.31～119.92gal。见图3.6至图3.9。

图3.6　神木市基岩地震动PGA图(50年超越概率63%)

图 3.7　神木市基岩地震动 PGA 图（50 年超越概率 10%）

图 3.8　神木市基岩地震动 PGA 图（50 年超越概率 2%）

第三章 神木市地震危险性分析

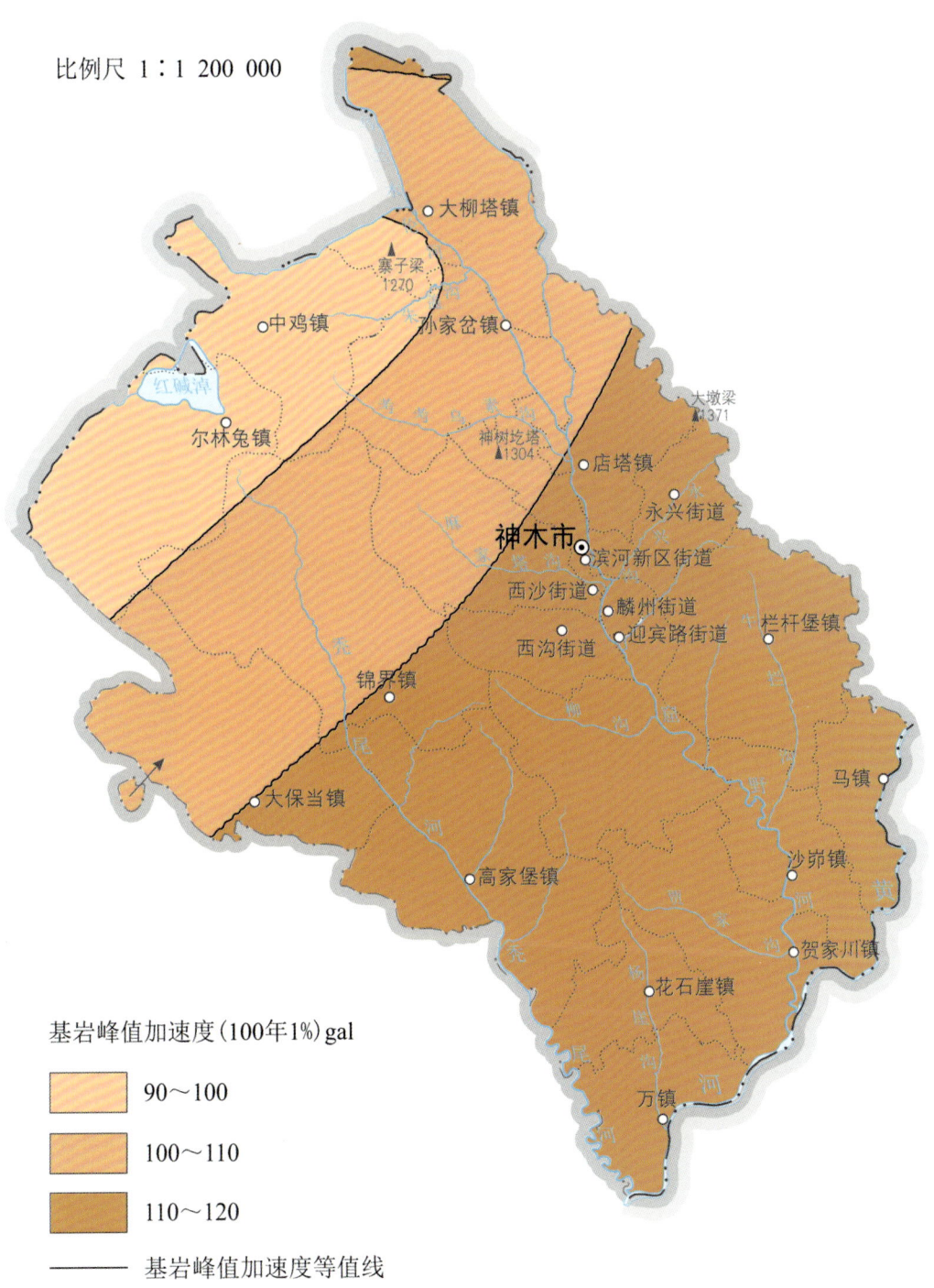

图 3.9 神木市基岩地震动 PGA 图（100 年超越概率 1%）

第五节　地震地参数场地调整

一、控制点场地类别

根据全国地震灾害风险普查项目提供的1∶1 000 000宏观场地类别数据确定神木市控制点所在场地类别,神木市宏观场地类别如图3.10所示,共涉及2类场地,分别是Ⅱ类场地、Ⅲ类场地,其中绝大部分为Ⅱ类场地,在部分河流、漫滩、阶地处存在极少数场地为Ⅲ类场地。该数据作为场地地震动峰值加速度调整的基础数据。

图3.10　神木市场地类别图

二、地震动场地调整方案

地震危险性概率计算得到的基岩峰值加速度对应为 I_1 类场地峰值加速度。根据《中国地震动参数区划图》(GB18306—2015)场地调整方案进行场地地震动峰值加速度调整。

根据基岩(I_1 类场地)地震动峰值加速度值,按下式确定峰值加速度值:

$$a_x = a_{I_1} F_a$$

式中,a_x、a_{I_1} 分别为控制点场地和 I_1 类场地地震动峰值加速度,单位为 gal;F_a 为场地地震动峰值加速度调整系数(见表3.8),具体取值按表中所给值采取分段线性差值方法确定。

表3.8 场地地震动峰值加速度调整系数

I_1 类场地地震动峰值加速度	场地类别				
	I_0	I_1	II	III	IV
≤40gal	0.90	1.00	1.25	1.63	1.56
80gal	0.90	1.00	1.22	1.52	1.46
125gal	0.90	1.00	1.20	1.39	1.33
170gal	0.89	1.00	1.18	1.18	1.18
285gal	0.89	1.00	1.05	1.05	1.00
≥400gal	0.90	1.00	1.00	1.00	0.90

按照调整方案进行场地地震动峰值加速度调整后,得到地面水平地震动加速度峰值。神木市50年超越概率63%、50年超越概率10%、50年超越概率2%和100年超越概率1%的地面水平地震动峰值加速度范围分别为13.44~29.09gal、38.89~76.28gal、67.20~124.17gal 和 95.52~168.42gal。

第六节 地震危险性区划

地震危险性区划结果以地震危险性分级和地震动等值线的形式给出。

依据第一次全国自然灾害综合风险普查技术规范 FXPC/D2 P—01《地震危险性编制规范》(中国地震局2021年3月)第5.6.2条,对地震危险性分级。

根据100年超越概率1%的地震动峰值加速度(a_x),将场地地震危险性分为四级,分级标准为:4级($a_x < 190$gal,低等级);3级($190 \leqslant a_x < 380$gal,中低等级);2级(380gal $\leqslant a_x \leqslant 760$gal,中高等级);1级($a_x \geqslant 760$gal,高等级)。地震动等值线分区,相邻等值线差异为10%且为10gal的整数倍。

根据第五节的计算结果按照以上分区标准编制了神木市50年超越概率63%、50年超越概率10%、50年超越概率2%和100年超越概率1%四个概率场地地震动

PGA 图,其中 50 年超越概率 63% 场地地震动分为 2 个区,大部分在 20gal 以下;50 年超越概率 10% 场地地震动分为 5 个区,40~60gal 占绝大部分;50 年超越概率 2% 场地地震动分为 7 个区,70~100gal 占绝大部分;100 年超越概率 1% 场地地震动分为 8 个区,100~140gal 占绝大部分,具体如图 3.11 至图 3.14 所示。根据地震危险性分级标准,神木市 100 年超越概率 1% 的地震动峰值加速度 < 190gal,地震危险性等级为 4 级(低等级),编制神木市地震危险性等级图,如图 3.15 所示。

图 3.11　神木市场地地震动 PGA 图(50 年超越概率 63%)

第三章 神木市地震危险性分析

图 3.12 神木市场地地震动 PGA 图（50 年超越概率 10%）

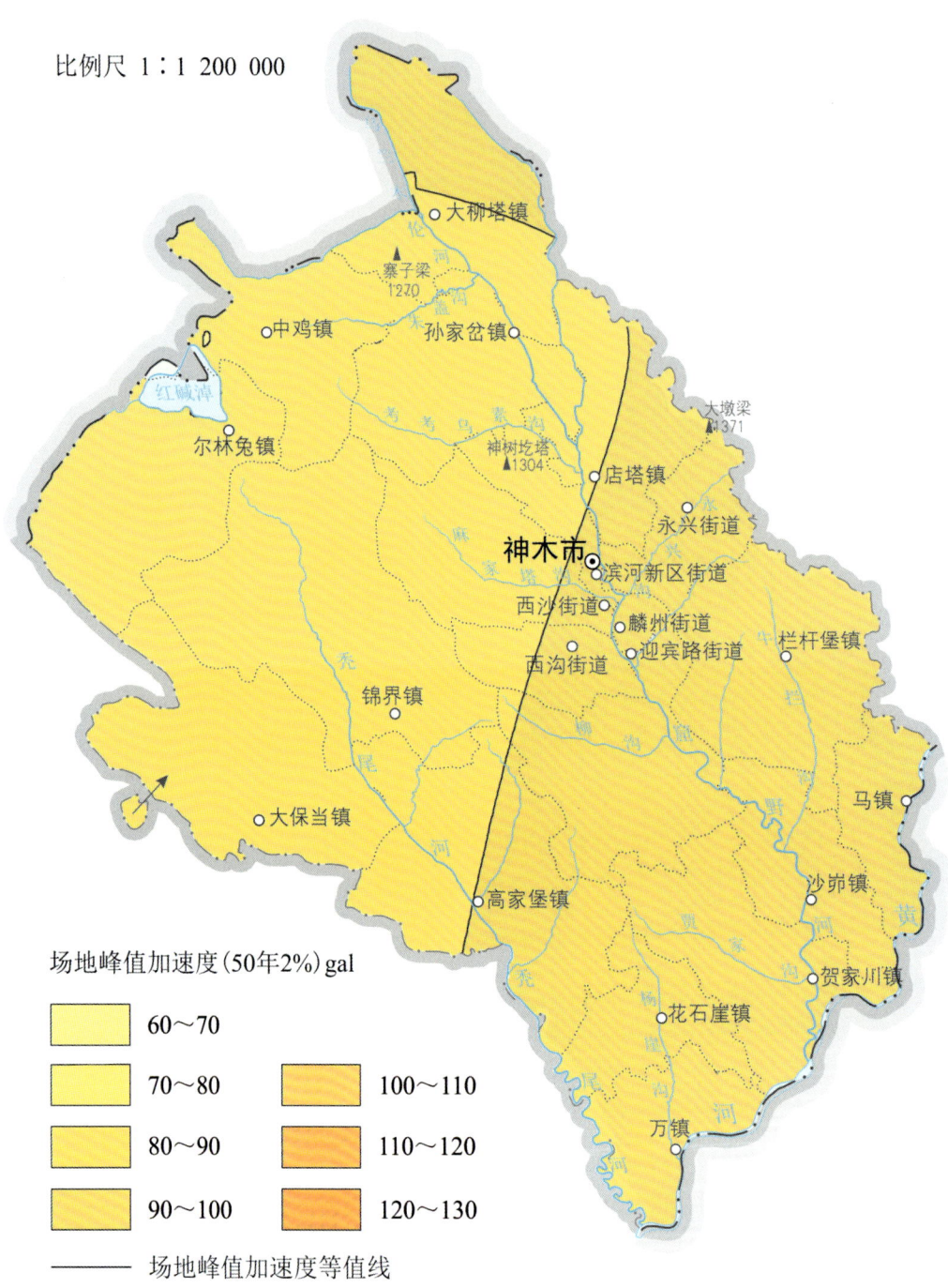

图 3.13 神木市场地地震动 PGA 图（50 年超越概率 2%）

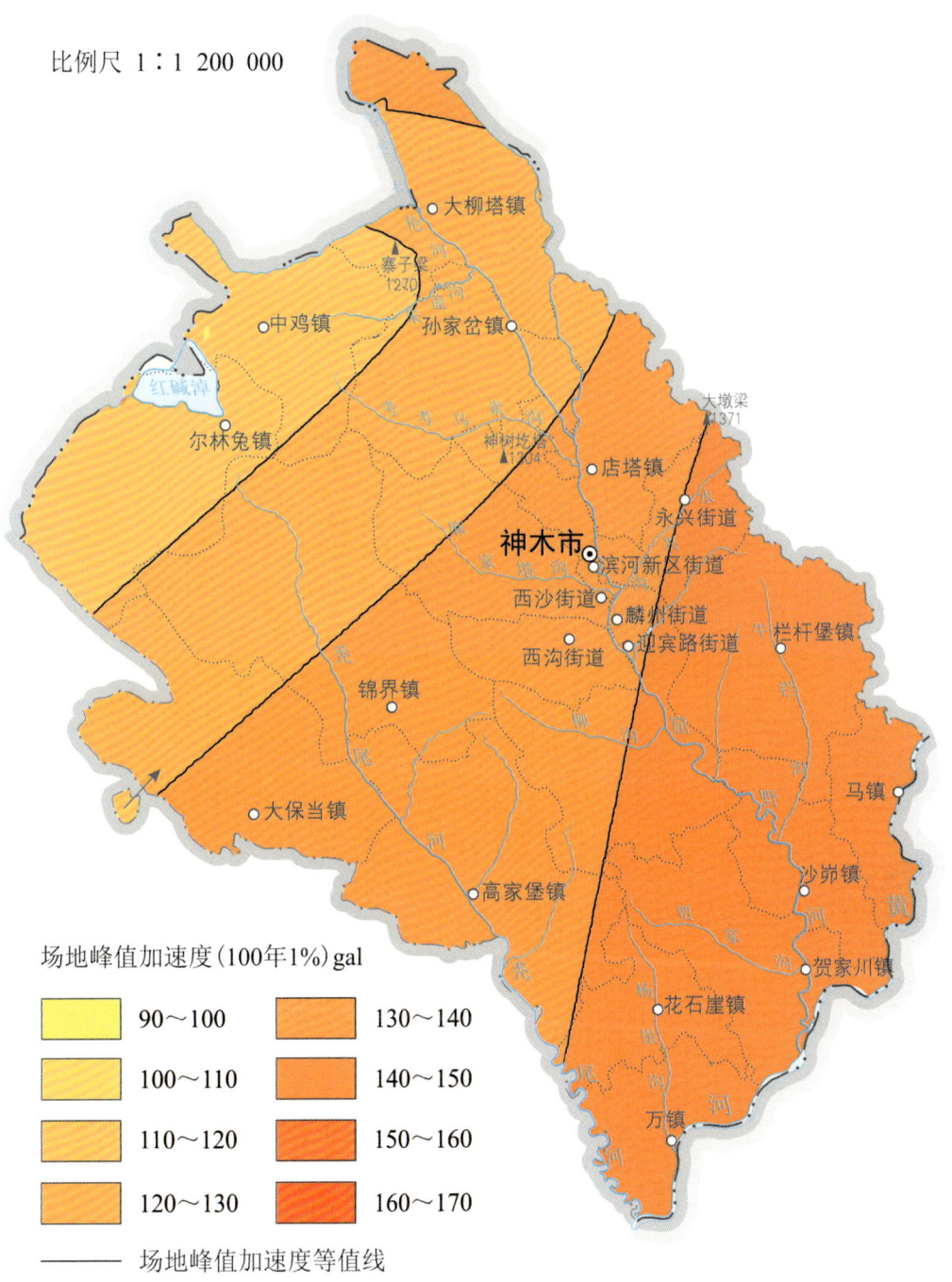

图 3.14 神木市场地地震动 PGA 图（100 年超越概率 1%）

图 3.15 神木市地震危险性等级图(100 年超越概率 1%)

第七节 地震烈度区划

地震灾害风险评估与区划是基于不同概率地震危险性分析,对地震灾害进行定量化评价。其中基于地震参数的震灾人员死亡评估和地震建筑物直接经济损失模型需要将地震动峰值加速度转化为地震烈度,计算人员死亡和经济损失。因此,本节根据地震动区划结果,给出地震烈度区划结果,为地震灾害风险评估与区划提供基础数据。

一、地震烈度分级

参考《中国地震动参数区划图》(GB18306—2015)附录 G,根据Ⅱ类场地地震动峰值加速度 a_x,按表 3.9 确定地震烈度。另补充的地震烈度为Ⅴ。

表 3.9　Ⅱ类场地地震动峰值加速度与地震烈度对照表

Ⅱ类场地地震动峰值加速度	$a_x<0.04g$	$0.04g\leq a_x<0.09g$	$0.09g\leq a_x<0.19g$	$0.19g\leq a_x<0.38g$	$0.38g\leq a_x<0.75g$	$A_x\geq 0.75g$
地震烈度	Ⅴ	Ⅵ	Ⅶ	Ⅷ	Ⅸ	≥Ⅹ

二、地震烈度区划结果

根据计算得到的场地地震动峰值加速度值,按照地震烈度对照表 3.9,得到了神木市 50 年超越概率 63%、50 年超越概率 10%、50 年超越概率 2% 和 100 年超越概率 1% 四个概率水平的地震烈度图,如图 3.16 至图 3.19 所示。其中 50 年超越概率 63% 的地震烈度全部为Ⅴ度、50 年超越概率 10% 的地震烈度全部为Ⅵ度、50 年超越概率 2% 的地震烈度包括Ⅵ和Ⅶ度、100 年超越概率 1% 的地震烈度全部为Ⅶ度。

比例尺 1∶1 200 000

地震烈度

☐ Ⅴ度

图 3.16 神木市地震烈度区划图（50 年超越概率 63%）

图 3.17 神木市地震烈度区划图（50 年超越概率 10%）

图 3.18 神木市地震烈度区划图（50 年超越概率 2%）

图 3.19 神木市地震烈度区划图（100 年超越概率 1%）

第八节 小　　结

本次研究结果表明，神木市地震危险性整体较低。神木市50年超越概率63%的地震烈度全部为Ⅴ度、50年超越概率10%的地震烈度全部为Ⅵ度、50年超越概率2%的地震烈度包括Ⅵ和Ⅷ度、100年超越概率1%的地震烈度全部为Ⅶ度，烈度结果可为后续风险评估区划提供基础数据。

第四章

神木市建筑物结构特征及震害分析

神木市房屋结构呈现多样化属性，且在城区、城乡接合部和农村地区有明显的分区特征，一般框架结构、钢结构等主要集中在城区，而城乡接合部和农村地区以砌体结构或未设防自建砌体结构为主，另外在农村地区还有大量的窑洞结构房屋。

第一节 典型房屋结构特征及应用

一、砌体结构

砌体结构由于结构形式简单、建造简便、造价低以及良好的节能效果，被广泛地应用于住宅、办公、医院、学校等建筑用途，神木市存在大量的不同建筑用途的砌体结构。作为建筑最主要的结构形式之一，缺少圈梁和构造柱等抗震构造措施的砌体结构具有延性差的特点，在历次地震中的震害比较明显，抗震能力比较差。砌体结构在烈度较低的地震作用下会出现墙体、门窗洞角开裂，在地震烈度较高时还会发生墙体破坏、楼梯间破坏、楼板破坏甚至倒塌等现象。在历次破坏性地震中，神木市砌体结构房屋都有不同程度的震害。

砌体结构的墙体由砖或者砌块砌筑而成，抗变形能力和抗拉能力较差。自重大使其所承受的地震作用较大，在地震作用下容易产生破坏。砌体结构由于其材料的脆性性质，抗剪、抗拉和抗弯强度远低于抗压强度，一般通过设置圈梁和构造柱来提高结构的整体性，从而达到提高其抗震性能的目的。圈梁和构造柱可以提高砌体结构的整体性和抗倒塌能力，采取一定抗震构造措施的设防砌体结构，可以明显减轻砌体结构的震害，最大限度地降低砌体结构倒塌造成的人员伤亡和经济损失。通过调查发现，在神木农村地区仍存在不设防的老旧砌体结构，因缺少必要的抗震构造措施，成为地震灾害的风险隐患。

神木市城镇和农村砌体结构较多。2008年以前自建的砌体结构房屋抗震能力一般，抗震构造措施大多不完整，没有做到层层圈梁和构造柱等抗震设防措施，2008年后建造的砖混房屋大多都能按照砌体结构设计规范来设计建造，圈梁、构造柱等抗震措施广泛应用，大多采用水泥砂浆，外墙37cm，内墙24cm。地基基础大多采用条形基础，楼板大多采用现浇钢筋混凝土楼板，地基采用三七灰土处理。2008年以后建造的砖混房屋大多具有一定的抗震能力。

第四章 神木市建筑物结构特征及震害分析

(a)有抗震措施　　　　　　　　　　(b)无抗震措施

图 4.1　砌体结构

二、框架结构

神木市框架结构房屋主要建造于 2000 年以后,大多不超过 10 层,主要分布在市区和城镇街道,大部分都是经过正规设计院按照混凝土结构设计规范和建筑抗震设计规范设计建造,抗震能力较好,主要用于教学楼、办公楼、酒店和住宅用房等。神木乡镇有少量住宅为自建框架结构,一般没有经过正规设计院的抗震设计,由农村工匠根据经验或其他工程图纸建造,层数一般 2～5 层,抗震能力一般。该类结构的房屋抗震能力强,汶川地震中,神木地区框架结构房屋无破坏,偶尔出现墙皮微小裂缝和抹灰层脱落。框架结构房屋建造成本较高,房屋抗震性能较好,房屋基本能够满足当地的抗震烈度设防要求。房屋层数主要集中在 3～8 层。填充墙体多采用空心小砌块等材料砌筑,框架结构房屋填充墙体较薄,与框架柱之间缺少拉结的填充墙,存在一定的地震安全隐患。

图 4.2　框架结构

三、钢结构

钢结构多用于办公、商业、工业等用途建筑房屋,多出现在神木城镇地区,在农村地区比较少见。钢结构房屋通常以型钢、钢管、钢板等为建筑材料,由钢梁、钢柱、钢管等构件通过焊接、铆接、螺栓连接组合而成。钢结构体系可以灵活布置,因此一些有大开间需求的空旷建筑常采用钢结构。与混凝土结构相比,钢结构强度高,钢结构要比其他结构轻,便于运输和安装,并可以实现大开间。通过调研发现,神木市城区有钢结构的办公和工业用房,大多建于2010年以后,基本都是通过正规设计院和施工单位进行抗震设计和建造,有完备的建造图纸,具有较好的抗震能力。与其他结构相比,钢结构主要具有以下特点(Hiroshi Tagawa,2011)。

1. 抗震性好

钢结构具有自重轻、韧性好、强度高、施工速度快等优点。与混凝土结构相比自重较轻,所以地震作用较小;抗压强度大,所以承载能力高。钢结构具有良好的抗震性,结构发生变形时不会突然发生脆性断裂破坏,为人员逃生提供了充足的时间。钢结构体系之间的连接多为柔性连接,在发生地震时,结构构件可以发生一定的塑性变形来耗散地震能量。钢结构建筑的抗震性能良好,可有效耗散地震能量,给人员足够的逃生时间。

2. 施工简便

钢结构由各种钢构件组成,钢构件大多在工厂生产,易于实现工业化、集约化生产,安装方便,质量易于保证。制成的构件运到现场拼装,采用螺栓、铆钉或焊接连接,结构自重较轻,施工方便,施工周期短。

3. 空间布置灵活

钢结构具有强度高、自重轻、延性好的特点。钢结构建筑可采用大空间柱网布置,使建筑平面布置灵活,为建筑师提供灵活的设计空间,可以根据不同用途改变建筑平面布局。钢结构住宅平面布局灵活,空间大小可根据使用者需要随意布置。

图 4.3　钢结构

四、土木结构

土木结构房屋主要包括墙体承重和墙体木构架混合承重 2 种类型。房屋墙体主要为夯土墙和土坯墙 2 种类型。夯土墙类型的土木结构农居多为单层,层高约为 3m,门窗开洞率低,开间较小。黏土中常掺有不同比例的石灰、秸秆等材料用于提高墙体的强度。为了提高墙体整体性,在夯层之间添加木条,起到横向拉结的作用。部分房屋墙体采用内部土墙,外部一层砖墙的"砖包皮"形式。土坯墙类型的土木结构农居层数多为单层,层高约为 3m。土坯墙体在砌筑过程中通常将黏性土放入模具中制作土坯砖,在制作过程中掺入秸秆、石灰等提高墙体的受力性能,采用平砌、立砌等砌筑方式砌筑而成。三角形木屋架和硬山搁檩屋盖是土木结构房屋屋盖的主要形式。

神木市土木结构房屋很少,基本上都不住人,土木结构房屋大多建造于 80 年代以前,大部分采用土坯砖墙体,少数为夯土墙体,墙体厚度为 30～60cm,个别土坯外墙裱单砖,或四角采用砖柱,人字形木屋架,硬山搁檩,屋内有木柱支撑,抗震性能差。

图 4.4　土木结构

五、砖木结构

神木市砖木结构房屋主要为砖墙承重,部分砖木结构为砖墙和木构件混合承重。房屋墙体多采用青砖或红砖砌筑,墙体有实心墙和空斗墙 2 种。由于墙体抗剪和抗弯能力很低,地震时极易产生破坏甚至倒塌,年代久远的砖木结构房屋仅设置圈梁或未设置任何构造措施,抗震能力相对较差。神木市砖木结构房屋主要有双坡木屋顶和平顶 2 种,多为硬山搁檩式,屋面铺设青瓦或彩钢等材料;基础常采用石基础或条形基础 2 种形式。

神木市的砖木结构很少,砖木结构均为一层,层高 3m 左右,墙体多采用实心墙,外墙厚度多数为 37cm,内墙厚度多为 24cm,大多数为 20 世纪 90 年代以前建造,房屋墙体采用泥浆或混合砂浆砌筑,基础采用卵石基础或砖基础,埋深 50cm 左右,现在基本上都不住人。砖木结构都缺少必要的拉接等构造措施,大部分砖木结构为居民自建,年代久远的许多砖木结构未设置任何抗震设防措施,房屋抗震性能较差。汶川地震中神木地区砖木结构受损较严重,表现为砌体墙倒塌或者部分倒塌,严重者致房屋整体倒塌。

图 4.5　砖木结构

六、窑洞结构

窑洞在神木地区历史悠久。窑洞具有因地制宜、投资少、施工简便等诸多优点,20 世纪 90 年代以前曾广泛分布于陕北农村地区。神木地区的窑洞往往依山而建,因地制宜,具有就地取材、冬暖夏凉等特点,在 20 世纪 90 年代以前,窑洞类型民居建筑形式被神木等地居民广泛采用。

作为黄土高原上的传统民居房屋,窑洞结构在神木市仍存在一定分布,主要分布在农村及城区周边,以土窑洞、石砌(砖砌)窑洞为主,其受力结构是土拱或石(砖)拱等脆性结构,构件间没有可靠的拉结,导致结构整体性较差。这种未经过正规抗震设计,由农村工匠根据经验或其他工程图纸建造的结构,抗震能力较差,基本属于不设防结构类型,造价成本低。(田得元,2021)

图 4.6　窑洞结构

第二节 典型房屋结构震害特点

近年来神木市及周边发生的破坏性地震很少,因地震造成的房屋破坏、人员伤亡也很少。本节结合神木市房屋结构特征对不同房屋结构常见的震害特点进行总结。

一、砌体结构

在历史破坏性地震中倒塌的砌体结构多为 90 年代以前没有经过抗震设计、施工的老旧砌体结构。而 90 年代以后按照抗震规范设计和施工的大多数砌体结构房屋,虽有不同程度的地震损伤,但大多不会倒塌。通过认真梳理分析砌体结构的历史震害,可以将砌体结构的震害特征或破坏形式分为以下几种:

1. 墙体的破坏

墙体的破坏形式以裂缝为主,主要表现为墙体出现斜裂缝、交叉斜裂缝、水平裂缝及竖直裂缝等,严重的还会出现倾斜甚至倒塌等现象。墙体在水平地震作用下主要承受剪切破坏,当地震作用在墙体内产生的剪力超过墙体的抗剪承载力时,墙体就会产生斜裂缝、水平裂缝及竖直裂缝等,当水平地震作用反复作用于墙体时,墙体会产生交叉斜裂缝。

2. 墙角的破坏

由于墙角位于房屋的尽端,在地震作用下砌体结构的扭转效应明显。如果砌体结构周围墙角缺少必要的约束,在地震作用下墙角容易产生破坏。另外,墙角处的受力比较复杂,容易产生应力集中现象,因此在地震作用下通常会产生裂缝或墙角脱落。因此,墙角处一般需要采取一定的拉结措施。

3. 楼梯间的破坏

楼梯间是生命通道,楼梯间破坏会产生严重后果,其破坏主要表现在墙体破坏,通过分析历史震害资料,楼梯间墙体破坏一般比其他部位的墙体破坏严重。这是由于楼梯间开间较小,在水平方向的刚度较大,故承担的地震作用较多,而楼梯间墙体由于没有一般房间的楼盖与其形成空间结构,墙体沿高度方向缺乏平面外约束,因此空间整体性较差,特别是顶层休息平台以上的外纵墙墙体较高,稳定性差。楼梯间的震害除了墙体开裂外,还会有平台梁开裂、梯段板开裂及休息平台开裂等现象。

4. 纵横墙连接处破坏

通过分析历史震害资料,纵横墙连接部位是砌体结构的薄弱部位。纵横墙受到 2 个方向的地震作用,在连接处受力复杂,容易出现应力集中现象,如果在建造中没有采取足够的拉结措施和抗震措施,纵横墙连接处在地震作用下会容易发生破坏。

5. 楼板的破坏

通过分析历史震害资料,由于预制楼板在墙体上搁置长度不够,或者楼板和墙体之间缺少可靠的拉结等,在地震中经常会发生预制楼板移位、掉落等现象。预制楼板的连接部位是砌体结构的薄弱部位,导致结构在遭遇破坏性地震时出现楼板坠落或移位等现象。

二、框架结构

通过认真梳理分析框架结构的历史震害,可以将框架结构的震害特征或破坏形式分为以下4种。

1. 梁柱节点的震害

框架梁柱节点的震害是框架结构最主要的震害形式之一,在地震作用下节点容易发生剪切破坏,节点区附近容易产生裂缝或保护层脱落。地震烈度较大时,甚至会发生框架梁纵筋屈服、混凝土压碎而出现弯曲破坏形态。由于楼板对框架梁的约束作用,"强柱弱梁"的破坏机制难以出现,一般柱端先于梁端出铰。节点处柱端的内力比较大,在弯矩、剪力和扭矩的共同作用下,柱顶周围易出现裂缝,严重时会出现保护层脱落甚至混凝土压碎,纵筋屈服形成柱端塑性铰。

2. 柱底震害

在水平和竖向地震作用下,柱底受力复杂,且受到的地震作用较大,柱底的震害主要表现为柱底混凝土保护层脱落,纵筋和箍筋部分屈服,柱底出现裂缝,混凝土压坏。柱底产生的震害大部分是因为结构在地震作用下,柱底同时受弯、受剪、受压及受扭,受力复杂,地震时由于底层受力较大,柱底容易产生塑性铰。

3. 填充墙的震害

填充墙在框架结构中虽不传递荷载,但震害明显。填充墙的震害主要表现在墙体与柱或梁连接四周出现水平和竖向裂缝。墙体由于缺乏可靠的连接而出现裂缝甚至倒塌。虽然填充墙的破坏不影响主体结构安全,但仍然会造成一定的人员伤亡和经济损失。对建筑的使用功能也会造成影响。

4. 楼梯的震害

楼梯间是生命通道,楼梯间破坏会产生严重后果,其破坏主要表现在墙体破坏、楼梯梁开裂、楼梯板开裂等,通过分析震害资料,在水平地震的往复作用下,楼梯板承受往复拉压作用,楼梯梁和板由于承受弯矩、剪力和扭矩作用,处于复杂的受力状态,从而会导致楼梯梁在两端和跨中破坏,混凝土保护层脱落,钢筋扭曲变形等。(霍林生等,2009)

三、钢结构

通过认真梳理分析钢结构的历史震害,可以将钢结构的震害特征或破坏形式分为以下 4 种。

1. 梁柱节点的破坏

第一种类型的破坏发生在小尺寸的角焊缝处。角焊缝尺寸较小,因而不能将梁翼缘所受的力有效地传递到柱翼缘上,当发生断裂破坏时,构件难以发生塑性变形。第二种类型的梁柱节点破坏发生在全融透焊缝连接处,尤其是在梁下翼缘处,梁端表现出大的塑性变形或局部屈曲。

2. 柱、梁的破坏

柱的破坏一般集中在近节点区域。柱的破坏主要包括柱端的塑性变形过大、柱的过度弯曲、局部屈曲以及母材与柱的连接处的断裂破坏。在多数宽翼缘柱中,出现很多绕弱轴过度弯曲的破坏情况。梁的破坏也主要集中在近节点区域。破坏情况包括梁端出现塑性变形和局部屈曲,梁的拼接处出现塑性变形和螺栓断裂,梁腹板出现平面外屈曲等。

3. 支撑的破坏

支撑构件的破坏主要出现在端部的连接处或交叉处。支撑连接处的破坏出现在螺栓连接和焊缝连接区域。支撑的破坏降低了框架的抗侧刚度并增大了层间位移,且在某些情况下可导致结构的整体坍塌。

4. 柱脚的破坏

柱脚的破坏一般发生在地脚锚栓,由于地脚锚栓的破坏导致建筑发生严重变形或倒塌。另外,还有柱底板发生弯曲变形、柱脚角焊缝开裂以及柱下混凝土开裂等常见破坏形式。(Hiroshi Tagawa,2011)

四、土木结构

由于土木结构房屋材料强度较低,纵横墙体交界处拉结措施不足,房屋基本未设置任何抗震构造措施,在地震时常会出现纵横墙交界处墙角开裂、墙体倒塌等现象。汶川地震中神木农村的倒塌房屋以土木结构为主,主要表现为土坯墙裂缝、倒塌等。土木结构房屋的建造年代久远,房屋墙体等结构构件存在损坏,且年久失修,损坏的土木结构房屋主要采用砖块进行修缮,替代损坏的土墙。(田得元,2021)

五、砖木结构

砖木结构在地震中的震害情况主要为屋顶和墙体 2 部分。房屋屋顶在地震中会出现瓦片脱落、坍塌等现象;墙体抹灰脱落,转角处出现竖向裂缝,山墙出现斜裂缝、横向裂缝以及外闪倒塌等震害情况。在历次地震中震害明显,抗震性能差。(田得元,2021)

六、窑洞结构

窑洞震害主要有洞体裂缝、拱体损伤以及拱腿损伤。

(1)洞体裂缝:在水平和竖向地震作用下,窑洞受力复杂,会出现不同程度的裂缝,削弱了土体强度,使土体产生较大的位移,造成窑洞的剥落,严重的将会导致窑洞坍塌。

(2)拱体损伤:拱体是窑洞的主要受力构件,除了要承担上覆土的自重,还要承担外荷载的作用,当地震作用时,拱体的支撑墙一般震害不明显,而拱体上的震害一般表现为纵向裂缝与环形裂缝。

(3)拱腿损伤:由于抗震知识的匮乏,建造匠人对拱腿宽度设置不合理的情况时有发生,而拱腿作为窑洞拱体结构的主要受力构件,面对突发地震灾害时,由于顶部荷载过大,拱腿会出现剪切破坏。(刘栩豪,2020)

第三节 小 结

神木市框架结构、砌体结构、钢结构等主要集中在城区,而城乡接合部和农村地区以部分设防或未设防自建砌体结构为主,在神木农村地区还有大量的窑洞结构房屋。神木市城区的框架结构大多不超过10层,主要分布在市区和城镇街道,抗震能力较好,主要用于教学楼、办公楼、酒店和住宅等。神木市的钢结构大多分布在城区,主要用于办公楼和工业用房,具有较好的抗震能力。神木市土木结构和砖木结构很少,基本上很少住人。神木市的窑洞主要分布在农村及城区周边,具有就地取材、冬暖夏凉的特点,目前仍有人居住使用。

第五章

神木市建筑物地震灾害隐患评估

第四章从建构造特点及震害特征2方面对神木市不同结构类型的建筑物进行了论述，可以看到不同结构类型的建筑物抗震能力存在较大差别，导致地震后的破坏现象、破坏程度及危害程度也各不相同。本章则结合影响建筑物抗震能力的相关因素，在神木市建筑物承灾体调查的基础上，建立神木市地震灾害隐患数据库，根据相关技术规范评估神木市建筑物承灾体单体及区域隐患等级，分类探讨建筑物隐患现状，为神木市地震灾害风险防治工作提供决策依据。

第一节 神木市建筑物隐患数据

建筑物隐患数据属于建筑物单体数据，每条单体数据包含单位（小区）名称、详细地址、工程类别、建筑面积、建造年代、建筑抗震设防类别、原抗震设防烈度、现抗震设防烈度、地震危险性、工程场地类型、现存病害情况、住建数据类型等建筑物关键属性信息。建筑物关键属性信息中的工程类别、住建数据类型是按照2种不同的建筑用途分类方式对建筑物隐患数据进行归类；具体是工程类别是将承灾体分为居民住宅、大中小学校舍、医疗卫生设施、社会服务保障设施、商业中心、其他建筑6类，住建数据类型将承灾体分为城镇住宅、城镇非住宅、农村独立住宅、农村集合住宅、农村非住宅5类；2种不同的承灾体分类方式为隐患数据归类、数据分析提供了必要的参数信息。

另外，建筑物关键属性信息中的建筑面积、建造年代、建筑抗震设防类别、原抗震设防烈度、现抗震设防烈度、地震危险性、工程场地类型、现存病害情况则属于建筑物隐患因子，是地震灾害隐患评估技术规范中评估隐患等级所必需的参数信息。

神木市建筑物隐患数据基于住建部门承灾体调查数据，抽取建筑物关键属性信息整理形成地震灾害隐患评估所需的建筑物隐患数据；数据包含人员密集型场所房屋建筑（居民住宅、大中小学校舍、医疗卫生设施、社会服务保障设施、商业中心等）、社会服务设施建筑（办公、文化、体育等房屋建筑）等承灾体基础数据，范围覆盖神木市全市区域。

在此基础上，陕西省地震局对神木市各类建筑抽取5~10栋进行了实地复核，同时对所有数据进行了线上质检，结果显示数据质量符合相关规范要求，最终获得神木市全市建筑物隐患数据15.7万条。

一、建筑物空间分布特点

基于神木市建筑物隐患数据，图5.1给出了神木市建筑物密度空间分布情况。由

图 5.1 可知空间上建筑物大多以城镇为中心聚集,并向外围扩散逐渐稀疏,密度最大的区域出现在神木市城区,且以城区为中心向南北两侧伸展逐渐减小;地形上建筑物主要分布在平原和山谷,在地势平坦地区呈不规则面状分布,在山谷地带沿地势呈条带状分布。对比各个乡镇建筑物密度分布可以看出,大柳塔镇、店塔镇、锦界镇、大保当镇建筑物密度大、分布范围广,这体现出神木市政府对这些地区高新技术产业开发区和能源化工基地核心区的重要定位。同时,上述各镇为节点的铁路沿线的建筑物密度较大,与神木市打造工业强镇、商贸物流重镇的战略规划密不可分。

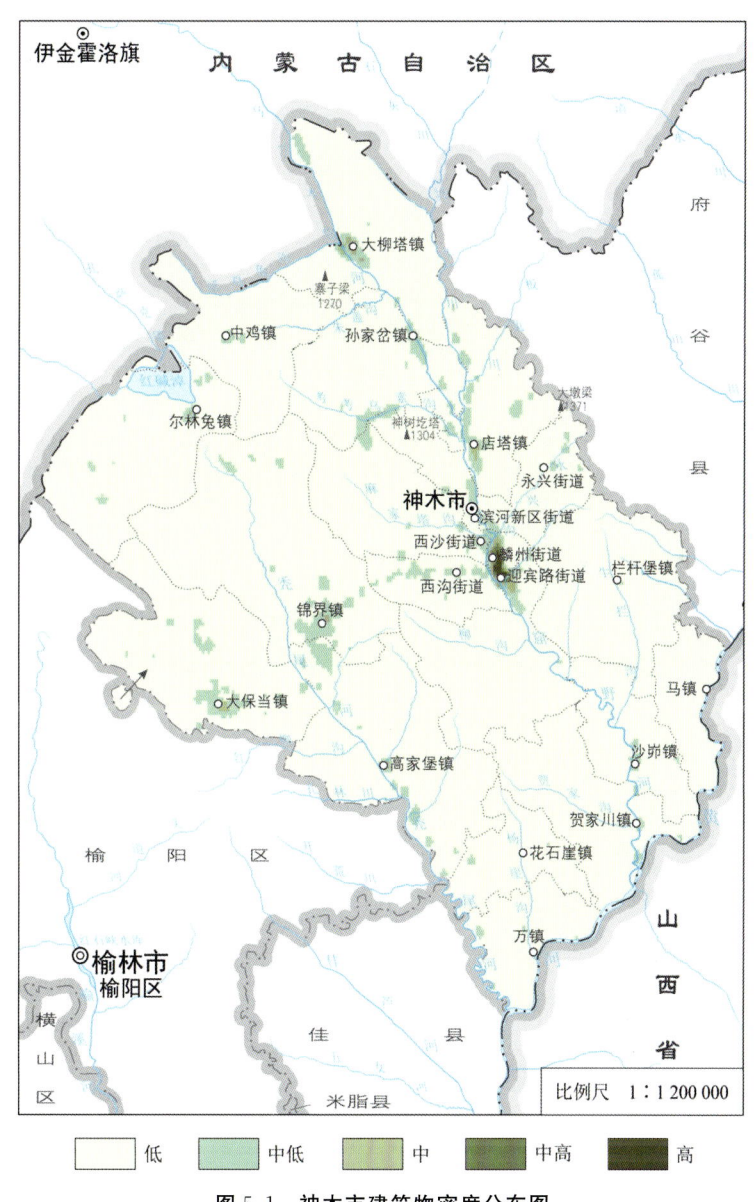

图 5.1 神木市建筑物密度分布图

二、建筑物隐患因子统计

建筑物隐患因子是能够引起建筑物地震灾害隐患的建筑物属性指标,这里选取建筑物抗震设防情况、现存病害情况、建造年代3个隐患因子对隐患数据进行统计分析,通过统计分析从宏观上把握神木市建筑物的抗震能力及隐患风险。

根据地震灾害风险评估与区划成果要求,评估结果的分类要与住建部门的数据分类保持一致,故将神木市建筑物按照住建数据类型分为城镇住宅、城镇非住宅、农村独立住宅、农村集合住宅、农村非住宅,对各类建筑从抗震设防情况、现存病害情况、建造年代3个方面进行了统计,结果见表5.1。

表5.1 神木市各类建筑物隐患因子统计

建筑物类别	抗震设防			病害			建筑年代			
	不设防	Ⅵ度设防	不设防占比/%	有	无	存在病害占比/%	2000年以前建造	2000~2010年建造	2010年以后建造	2000年以前建造占比/%
城镇住宅	35 327	5 720	86.06	18 909	22 138	46.07	18 122	17 936	4 712	44.45
城镇非住宅	18 113	4 300	80.81	2 442	19 971	10.9	2 305	11331	8 759	10.29
农村独立住宅	72 877	288	99.61	32 651	40 514	44.63	32 169	22 349	18 643	43.97
农村集合住宅	2 514	4	99.84	419	2 099	16.64	398	491	1 629	15.81
农村非住宅	16 804	819	95.35	2 597	15 026	14.74	2 518	7 463	7 642	14.29

注:不设防、Ⅵ度设防分别指结构建设时50年设计基准期超越概率10%的地震动峰值加速度小于0.05g和等于0.05g;存在病害指调查时结构整体或构件存在倾斜、变形、开裂等。(引自第一次全国自然灾害综合风险普查相关文件规定)

由统计结果可知,抗震设防方面,神木市建筑物不设防比例高,其中农村独立住宅、农村非住宅、农村集合住宅不设防比例均超过95%;城镇非住宅、城镇住宅不设防比例均超过80%;从区域分布来看可见农村建筑不设防比例高于城镇建筑。

建筑物病害方面,城镇住宅、农村独立住宅存在病害比例偏高,存在病害比例均超过40%;城镇非住宅、农村非住宅、农村集合住宅存在病害比例较低,存在病害比例均未超过20%;可见除去农村集合住宅,住宅类病害比例高于非住宅类。

建造年代方面,城镇住宅、农村独立住宅2000年以前建造占比偏高,2000年以前建造比例均超过40%;城镇非住宅、农村非住宅、农村集合住宅2000年以前建造比例较低,2000年以前建造比例均未超过20%;可见除农村集合住宅,相比于非住宅类,住宅类建筑较为老旧。

第二节 建筑物地震灾害隐患评估方法

第一次全国自然灾害综合风险普查技术规范——《建(构)筑物地震灾害隐患等级评定技术规范》(FXPC/DZ P—03)规定了建(构)筑物地震灾害隐患等级评定的原则和方法,进一步规范了我国地震灾害重点隐患等级评定工作的技术方法,该规范是基于历史地震现场灾害调查、评估等工作经验及大量的建(构)筑物和基础设施工程的抗震性能分析、试验研究和震害预测成果编制的。本节评估工作均参照该规范。

一、单体地震灾害隐患评估

单体隐患等级由地震破坏后造成后果的严重程度、所处场址的地震危险性和承载体的地震易损性综合计算,并按照地震灾害隐患指数将隐患严重程度划分为"轻微、一般、重点"3个等级。单体隐患指数按下式进行计算:

$$PH_{EQ} = C \cdot R \cdot V \tag{5.1}$$

式中,PH_{EQ} 表示单体隐患指数;C 为承灾体破坏后果影响系数;R 为承灾体场址影响系数;V 为承灾体易损性影响系数。隐患指数与隐患等级的对应关系见表5.2。

表 5.2 承灾体单体地震灾害隐患等级

隐患等级	地震灾害隐患指数
轻微	(0.25, 1.0]
一般	(0.075, 0.25]
重点	(0, 0.075]

1. 承灾体破坏后果影响系数

承灾体破坏后果影响系数的取值是根据承灾体破坏后导致的后果影响严重程度进行取值的。按照影响程度依次减弱的顺序将承灾体分为Ⅰ、Ⅱ、Ⅲ、Ⅳ四类,由此根据承灾体所属类型按照规范对应取值。需要注意的是当建筑物为Ⅲ类承载体时,要按照建筑面积大小确定影响系数 C。

2. 承灾体场址影响系数

承灾体场址影响由承灾体所在场址的地震危险性和场地类别来确定,考虑到地震危险性与场地类别都与地质构造相关,取两者加权之和作为承灾体场址的影响系数,按照两者权重相同处理,由下式进行计算。

$$R = a_R \cdot R_1 + b_R \cdot R_2 \tag{5.2}$$

式中,R_1 表示考虑地震危险性的场址影响系数;R_2 表示考虑场地类别的场址影响系数;

a_R、b_R 表示权重系数，$a_R=0.5$，$b_R=0.5$。

地震危险性影响系数 R_1 的取值，应按承灾体所处地区的抗震设防要求《中国地震动参数区划图》(GB18306－2015)，按规范取值。承灾体所在场地类别影响系数 R_2 的确定，应综合考虑断层、软土等地震地质破坏不利因素，将工程场地划分为Ⅰ、Ⅱ、Ⅲ、Ⅳ、Ⅴ五类，由此根据承灾体在场地类别所属类型按照规范对应取值。其中，Ⅰ、Ⅱ、Ⅲ、Ⅳ分别对应《建筑抗震设计规范》(GB50011－2010)中第4.1.6条中根据土层等效剪切波速和场地覆盖层厚度确定的Ⅰ、Ⅱ、Ⅲ、Ⅳ类场地，与已探明的活断层距离小于等于10km的场地定义为第Ⅴ类。

3. 承灾体易损性影响系数

承灾体易损性影响系数的确定，应综合计入承灾体设防标准、建造年代和承灾体病害3方面影响，按下式计算：

$$V = a_V \cdot V_1 + b_V \cdot V_2 + c_V \cdot V_3 \tag{5.3}$$

式中，V_1 表示考虑承灾体设防标准的易损性影响系数；V_2 表示考虑承灾体建造年代的易损性影响系数；V_3 表示考虑承灾体病害的易损性影响系数；a_V、b_V、c_V 表示权重系数，其中 $a_V = 0.9 \dfrac{0.2 \cdot V_1 + 0.8 \cdot V_3}{V_1 + V_3}$，$b_V = 0.1$，$c_V = 0.9 \dfrac{0.8 \cdot V_1 + 0.2 \cdot V_3}{V_1 + V_3}$。

(1) 考虑承灾体抗震设防标准的易损性影响系数 V_1 的确定，应按承灾体实际抗震设防水平与现行《中国地震动参数区划图》(GB18306－2015)和《建筑工程抗震设防分类标准》(GB50223－2008)规定的标准抗震设防要求进行对比，按规范对应取值。

(2) 考虑承灾体建造年代的地震易损性影响系数 V_2 的确定，应根据我国建筑抗震设计规范的颁布实施年代，将既有房屋建筑按其建造年代分为4档，按规范对应取值。需要注意的是对已经采取加固措施的建筑，后续使用年限30年的，其易损性影响系数 V_2 按照原建造时间取值；后续使用年限40年的，用加固时间代替建造时间取值，同时乘以影响折减系数0.95；后续使用年限50年的，用加固时间代替建造时间取值。

(3) 考虑承灾体现存病害程度的地震易损性影响系数 V_3 的确定，应分为5个等级：无病害、轻微病害、一般病害、较大病害、严重病害，按规范对应取值。

二、区域地震灾害隐患评估

在所有单体隐患等级计算结果的基础上，根据不同隐患等级的承灾体比例，确定某类承载体的区域地震灾害隐患指数和等级。区域地震灾害隐患指数按式(5.4)进行计算：

$$RI_{\text{PEH}i} = \frac{N_{\text{PEH}i}}{\sum N_{\text{PEH}i}} \tag{5.4}$$

其中，i 表示地震灾害隐患等级，$i=1,2,3$ 分别表示隐患等级为轻微、一般和重点；

$RI_{\text{PEH}i}$ 表示地震灾害隐患等级为 i 的某类承灾体区域地震灾害隐患指数；$N_{\text{PEH}i}$ 表示区域内地震灾害隐患等级为 i 的某类承灾体建筑面积；$\sum N_{\text{PEH}i}$ 表示区域内参与地震灾害隐患等级评定的某类承灾体总建筑面积。承灾体区域隐患指数与隐患等级的对应关系见表 5.3。

表 5.3 承灾体区域地震灾害隐患等级

隐患等级	区域地震灾害隐患指数 RI_{PEH}
轻微	$RI_{\text{PEH3}}=0$ 和 $RI_{\text{PEH2}}<0.1$
一般	$0<RI_{\text{PEH3}}<0.1$ 和/或 $0.1\leqslant RI_{\text{PEH2}}<0.5$
重点	$RI_{\text{PEH3}}\geqslant 0.1$ 和/或 $RI_{\text{PER2}}\geqslant 0.5$

第三节 评估结果

依据前述评估方法和地震灾害风险评估与区划成果要求，计算各类建筑物承载体单体隐患指数并确定隐患等级，并在单体隐患等级计算结果的基础上，按照城镇住宅、城镇非住宅、农村独立住宅、农村集合住宅、农村非住宅分别计算各类建筑物承载体的区域地震灾害隐患指数并确定区域隐患等级。

一、单体隐患评估结果

按照城镇住宅、城镇非住宅、农村独立住宅、农村集合住宅、农村非住宅共 5 类分别统计各类建筑物单体隐患等级结果，结果见表 5.4～表 5.8 及图 5.2。

表 5.4 神木市城镇住宅隐患评估结果

建筑物类型	轻微/栋	占比/%	一般/栋	占比/%	重点/栋	占比/%
城镇住宅	38 525	93.86	2 522	6.14	0	0

表 5.5 神木市城镇非住宅隐患评估结果

建筑物类型	轻微/栋	占比/%	一般/栋	占比/%	重点/栋	占比/%
校舍	346	1.54	370	1.65	0	0
商业中心	809	3.61	4 445	19.83	0	0
社会保障设施	2 651	11.83	11 622	51.86	0	0
医疗卫生	43	0.19	111	0.50	0	0
其他	443	1.98	1 573	7.02	0	0
合计	4 292	19.15	18 121	80.85	0	0

表 5.6　神木市农村独立住宅隐患评估结果

建筑物类型	轻微/栋	占比/%	一般/栋	占比/%	重点/栋	占比/%
农村独立住宅	70 449	96.29	2 716	3.71	0	0

表 5.7　神木市农村集合住宅隐患评估结果

建筑物类型	轻微/栋	占比/%	一般/栋	占比/%	重点/栋	占比/%
农村集合住宅	1 806	71.72	712	28.28	0	0

表 5.8　神木市农村非住宅隐患评估结果

建筑物类型	轻微/栋	占比/%	一般/栋	占比/%	重点/栋	占比/%
商业中心	834	4.73	262	1.49	0	0
其他	13 367	75.85	3 160	17.93	0	0
合计	14 201	80.58	3 422	19.42	0	0

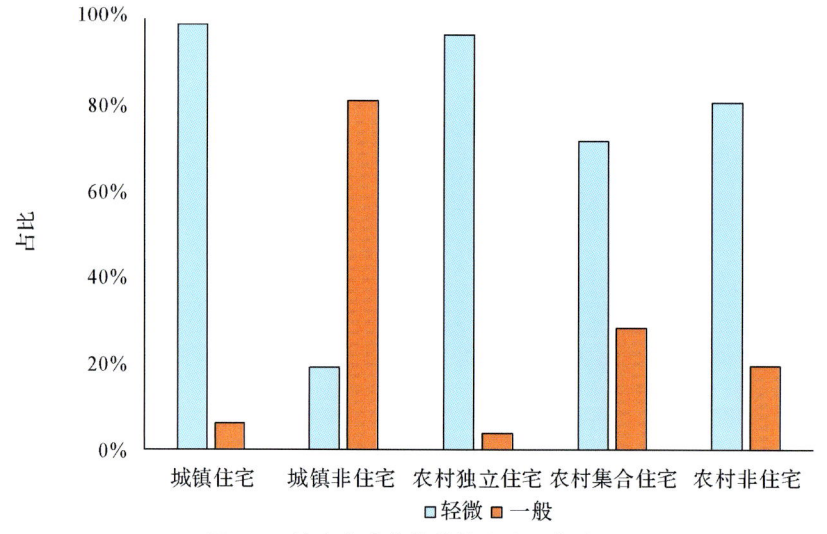

图 5.2　神木市建筑物单体隐患评估结果

从统计结果得到：神木市建筑物单体隐患等级均为"轻微"或"一般"，不存在隐患等级为"重点"的建筑物。城镇住宅、农村独立住宅、农村集合住宅、农村非住宅单体隐患等级以"轻微"为主，栋数占比分别为93.86%、96.29%、71.72和80.58%；城镇非住宅单体隐患等级以"一般"为主，栋数占比为80.85%，由表5.5得到：城镇非住宅中社会保障设施类建筑物隐患等级为"一般"的比例达51.86%，由此说明神木市城镇非住宅类建筑物尤其是社会保障设施类建筑物的地震灾害隐患程度相对较高。

由调查数据建筑用途可知，城镇非住宅类建筑包含校舍、商业中心、社会保障设施、医疗卫生等建筑，并考虑到建筑地址所在地人员密集、建筑重要程度高、震后危害程度严重等因素，评估规范将城镇非住宅类所有建筑定义为Ⅱ承灾体，即地震后影响严重程度仅次于Ⅰ承灾体,进而导致城镇非住宅单体隐患等级较高;而农村非住宅类建筑虽同样包含商业中心等建筑,但考虑到建筑地址所在地人员稀疏、建筑重要程度低、震后危害程度小等因素,评估规范将农村非住宅类所有建筑定义为Ⅲ承灾体,比城镇非住宅类低一等级,与住宅类建筑同类型,由此农村非住宅类单体隐患评估结果与住宅类结果较为类似。

图5.3及图5.4分别给出了神木市住宅及非住宅建筑单体地震灾害隐患等级的空间分布,总体来看隐患等级以"轻微"为主且空间分布均匀。

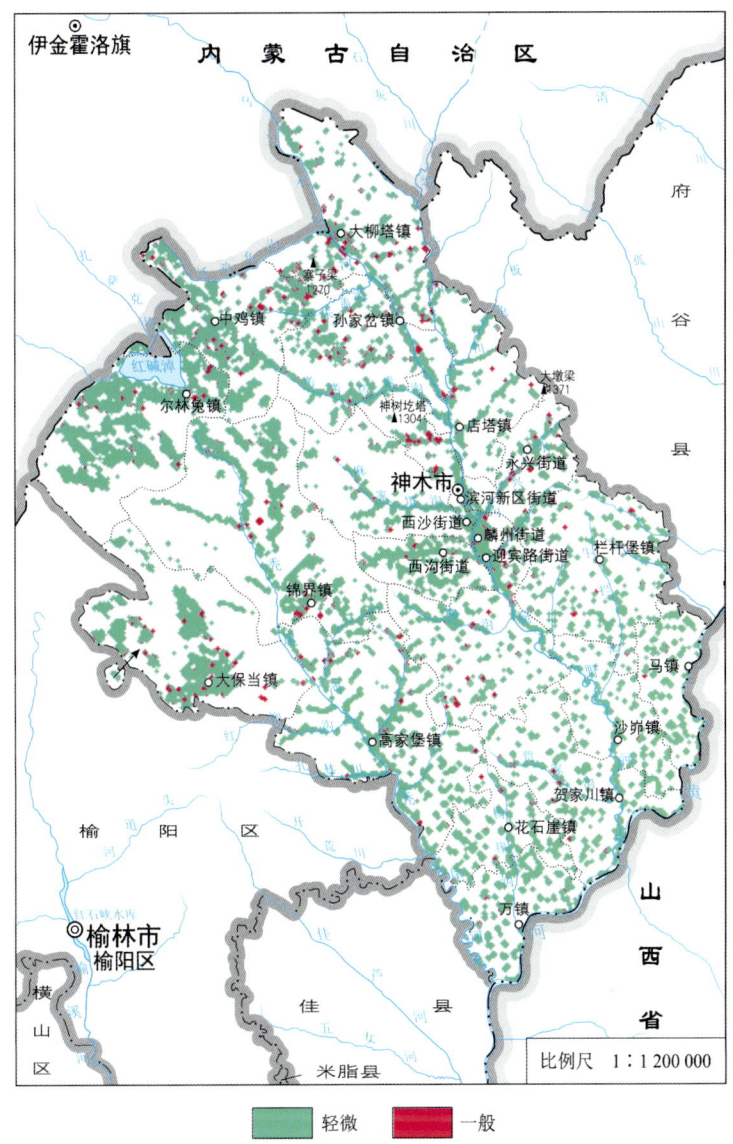

图5.3 神木市建筑物单体隐患分布图(住宅)

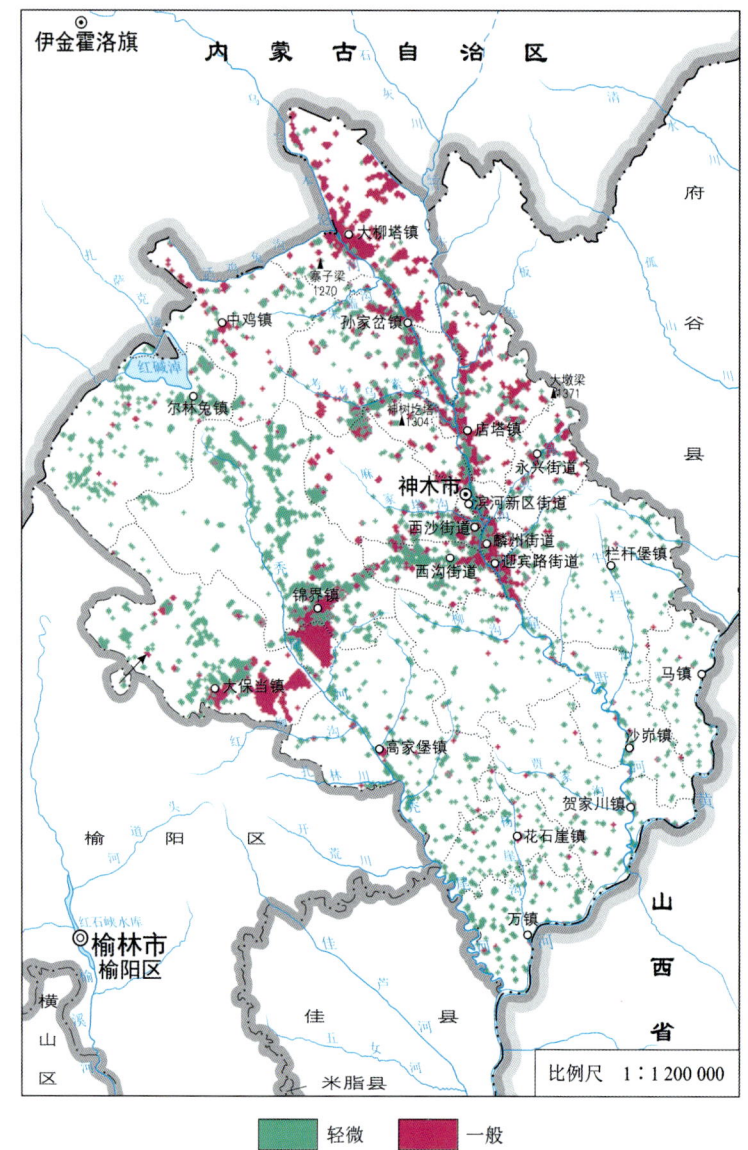

图 5.4 神木市建筑物单体隐患分布图(非住宅)

值得注意的是,图 5.4 中显示神木市北部 1 个区域及西南 2 个区域较集中地出现了隐患等级为"一般"的非住宅建筑群,与周边地区差异较为明显。结合空间地理信息研究发现上述北部区域为大柳塔镇工业园区,西南区域为榆神经济开发区和神木市锦界工业园区所在地,是榆林国家能源化工基地的核心载体。由调查数据建筑用途可知,3 个园区内非住宅建筑以与能源化工相关的工业建筑(仓库、生产车间、厂房等)为主,这类建筑一般无抗震措施,且评估规范中将该类建筑定义为"地震时可导致大量人员伤亡等重大灾害后果或存放危险物品但其外释范围可控且对公众危害不大的工程结构",属于 Ⅱ 承灾体,地震后影响严重程度仅次于 Ⅰ 承灾体,进而导致单体隐患等级较高。综上分析,3个园区内不设防建筑比例高、大量高隐患等级工业建筑群的集中出现2方面原因,共同导致了神木市北部及西南3个区域非住宅建筑隐患等级与周边形成明显差异的现象。

二、区域隐患评估结果

区域地震灾害隐患指数是建筑物单体不同隐患等级面积占比的统计分类结果,反映某类建筑物区域隐患的宏观水平,依据前述评估方法,在单体隐患等级的基础上计算神木市各类建筑物的区域隐患指数和隐患等级。另外,考虑到神木市各类型建筑物数量多且分布范围较为均匀,以乡镇街道为单元评估其区域地震灾害隐患等级更能反映全市不同乡镇街道行政单元的承灾体震害风险情况。区域隐患等级结果见表5.9和表5.10。

表5.9 神木市各乡镇街道建筑物区域隐患评估结果

乡镇名称	城镇住宅 RPH_{EQ2}	隐患等级	城镇非住宅 RPH_{EQ2}	隐患等级	农村集合住宅 RPH_{EQ2}	隐患等级	农村独立住宅 RPH_{EQ2}	隐患等级	农村非住宅 RPH_{EQ2}	隐患等级
西沟街道	0.270	一般	0.129	一般	0.730	重点	0.069	轻微	0.808	重点
西沙街道	0.015	轻微	0.160	一般	0.666	重点	0.147	一般	0.838	重点
迎宾路街道	0.229	一般	0.558	重点	0.932	重点	0.092	轻微	0.511	重点
永兴街道	0.917	重点	0.827	重点	0.619	重点	0.116	一般	0.577	重点
麟州街道	0.153	一般	0.468	一般	0	轻微	0	轻微		
滨河新区街道	0.067	轻微	0.225	一般	0.647	重点	0.172	一般	0.774	重点
大保当镇	0.704	重点	0.982	重点	0.566	重点	0.157	一般	0.885	重点
大柳塔镇	0.488	一般	0.927	重点	0.733	重点	0.198	一般	0.887	重点
店塔镇	0.142	一般	0.577	重点	0.459	一般	0.058	轻微	0.382	一般
尔林兔镇	0	轻微	0	轻微	0.686	重点	0.118	一般	0.430	一般
高家堡镇	0.074	轻微	0.978	重点	0.145	一般	0.036	轻微	0.368	一般
贺家川镇			1	重点	0.811	重点	0.042	轻微	0.447	一般
花石崖镇	0.398	一般	0.88	重点	0.804	重点	0.032	轻微	0.274	一般
锦界镇	0.409	一般	0.728	重点	0.860	重点	0.064	轻微	0.578	重点
栏杆堡镇	0.507	重点	1	重点	0.551	重点	0.071	轻微	0.423	一般
马镇					0.992	重点	0.030	轻微	0.440	一般
沙峁镇	0	轻微	0.869	重点	0.666	重点	0.026	轻微	0.259	一般
孙家岔镇	0.822	重点	0.668	重点	0.728	重点	0.282	一般	0.799	重点
万镇	0.016	轻微	0.947	重点	0.537	一般	0.027	轻微	0.289	一般
中鸡镇	0.428	一般	0.834	重点	0.562	重点	0.163	一般	0.710	重点

注:由于神木市各类承灾体单体隐患等级不存在"重点"隐患等级,所以各乡镇街道的区域地震灾害隐患指数 PH_{EQ3} 均为0,故在此表中不再列出;另外表中空白的地方表示乡镇街道单元内没有该类型建筑物。

表5.10　神木市建筑物区域隐患评估结果统计(基于乡镇街道)

隐患等级	乡镇街道数量				
	城镇住宅	城镇非住宅	农村集合住宅	农村独立住宅	农村非住宅
轻微	6	1	1	12	0
一般	8	4	2	8	9
重点	4	14	17	0	10
无	2	1	0	0	1

由表5.9及表5.10可知,从隐患所属的建筑类型角度分析:将神木市建筑物类型按照区域隐患等级为"重点"的乡镇街道数量由多到少排序结果依次是农村集合住宅、城镇非住宅、农村非住宅、城镇住宅、农村独立住宅,"重点"等级乡镇街道数量占比分别是85%、70%、50%、20%、0%,可见神木市建筑物中农村集合住宅类建筑物隐患大、风险高,城镇非住宅、农村非住宅类建筑物隐患较大、风险较高,而城镇住宅、农村独立住宅类建筑物则隐患小、风险低。

与单体隐患等级评估结果相比,农村集合住宅单体隐患等级为"一般"的占比仅为28.28%,对应的神木市85%乡镇街道区域隐患等级却为"重点",原因是本次工作中单体建筑不同隐患等级占比是按栋数统计,区域隐患等级按面积统计;分析调查数据可知,神木市农村集合住宅中单体隐患等级为"一般"的712栋建筑的规模均相对较大,其中面积超过500m² 的有678栋;而单体隐患等级为"轻微"的1 806栋建筑的规模均相对较小,其中面积超过500m² 的仅有26栋;进而导致农村集合住宅单体隐患"一般"等级的建模总面积超过"轻微"等级的建模总面积,形成农村集合住宅区域隐患等级加重的情况。从影响建筑物单体隐患等级的3个因素来分析,农村集合住宅单体隐患"一般"等级总面积占比大的原因:一是原抗震设防不达标占比高,设防不达标的栋数占比高达99.84%;二是集合住宅类建筑规模大,集合住宅类建筑地震破坏后影响严重。

与单体隐患等级评估结果相比,农村非住宅建筑单体隐患等级为"一般"的占比仅为19.4%,对应的神木市50%乡镇街道区域隐患等级却为"重点",此种情况与农村集合住宅的情况基本一致,其原因也是相同的。分析调查数据可知,农村非住宅类建筑物中存在大量加工厂房、物流仓库、行政办公、住宿宾馆等建筑,这类建筑物栋数少但建筑规模大且一般无抗震措施,致使其单体隐患等级多为"一般"等级,从而导致农村非住宅类建筑区域隐患等级加重。

与单体隐患等级评估结果相比,城镇非住宅、城镇住宅、农村独立住宅区域隐患等级评估与单体隐患等级评估结果较为一致。

根据各类承灾体区域隐患等级计算结果,依据《地震灾害风险普查评估与区划成果地图编制与制图说明》和《建(构)筑物地震灾害隐患等级评定方法》编制形成了神木市各类承灾体的区域隐患等级分布图,成果见图5.5至图5.9。

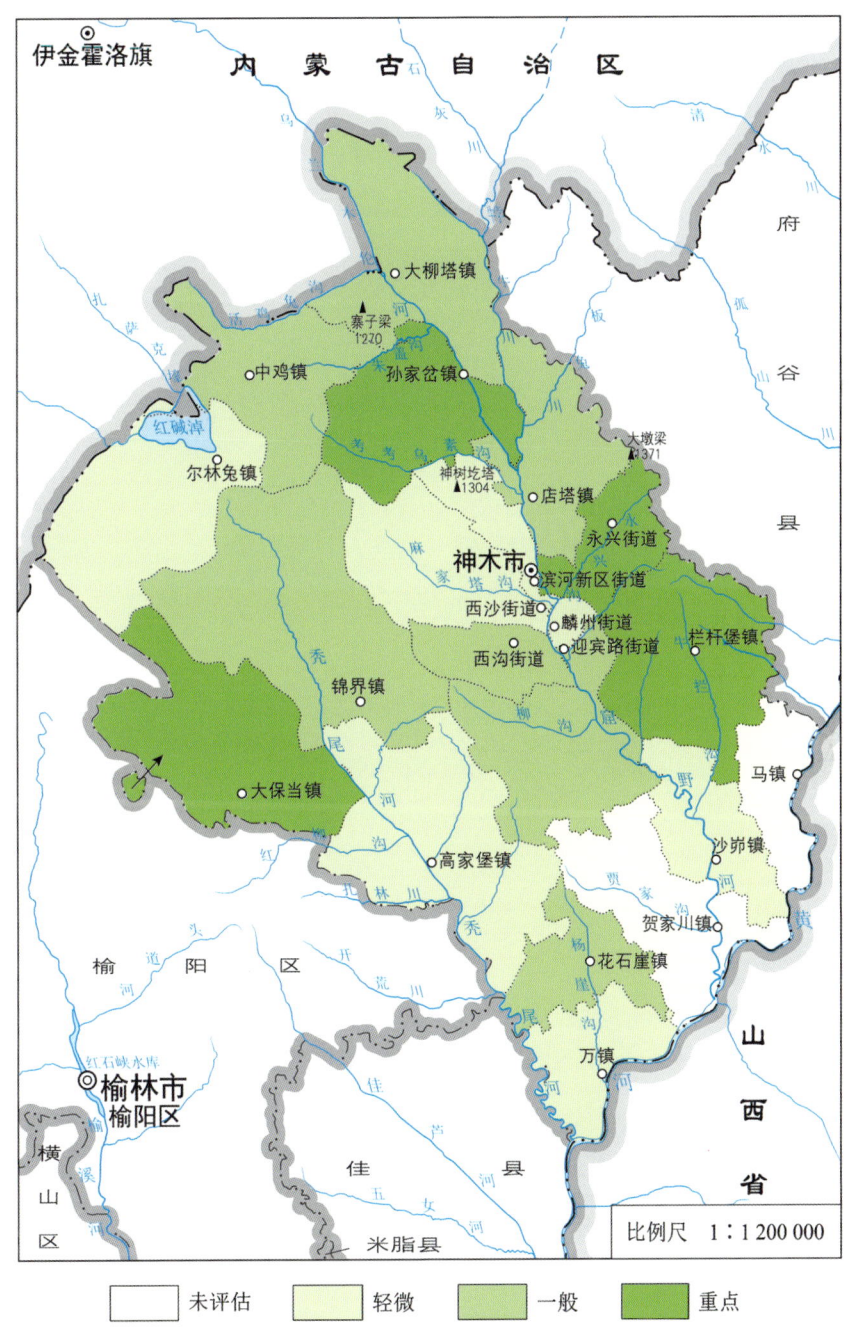

图 5.5 神木市建筑物地震灾害区域隐患等级分布图(城镇住宅)

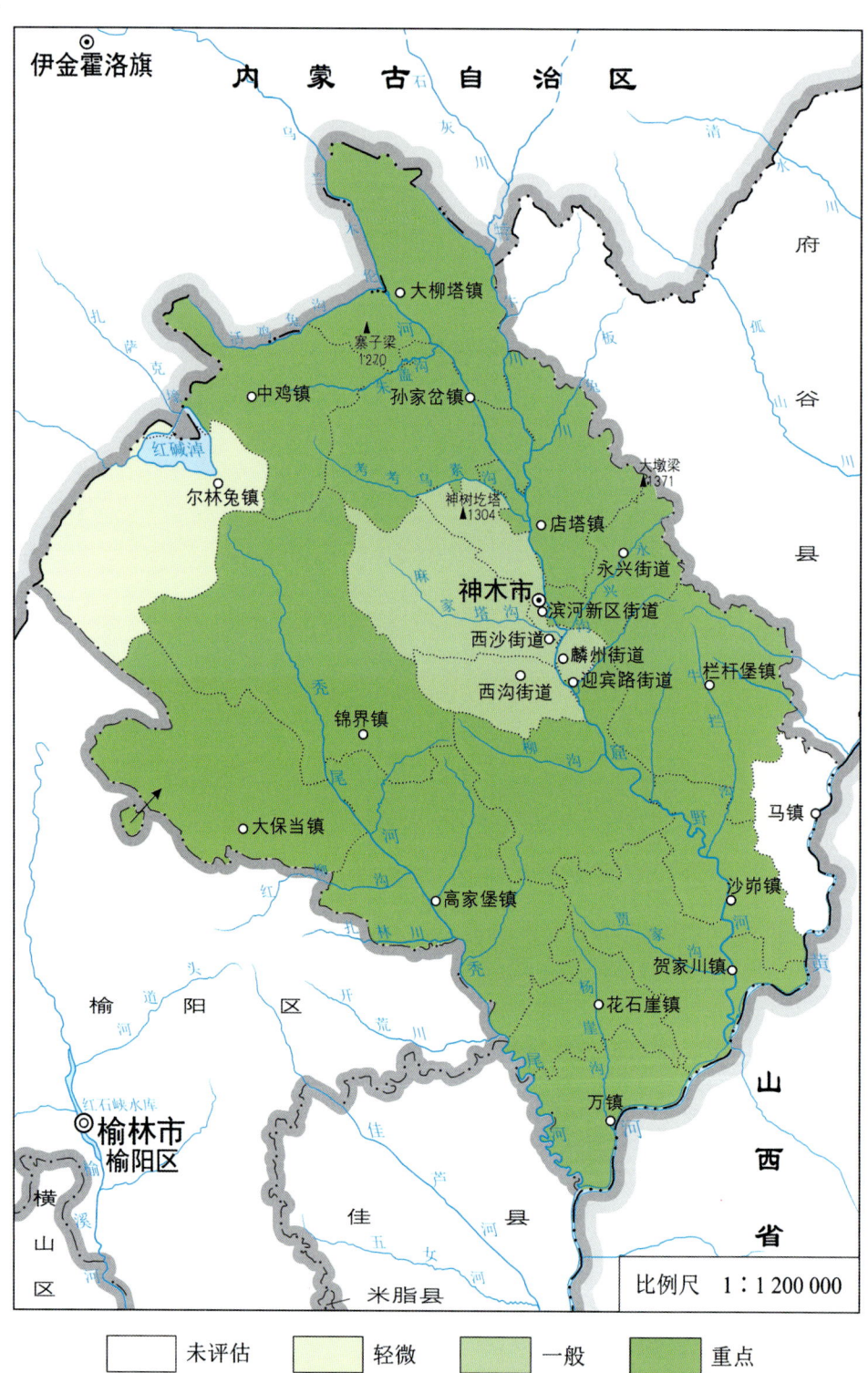

图 5.6 神木市建筑物地震灾害区域隐患等级分布图(城镇非住宅)

第五章
神木市建筑物地震灾害隐患评估

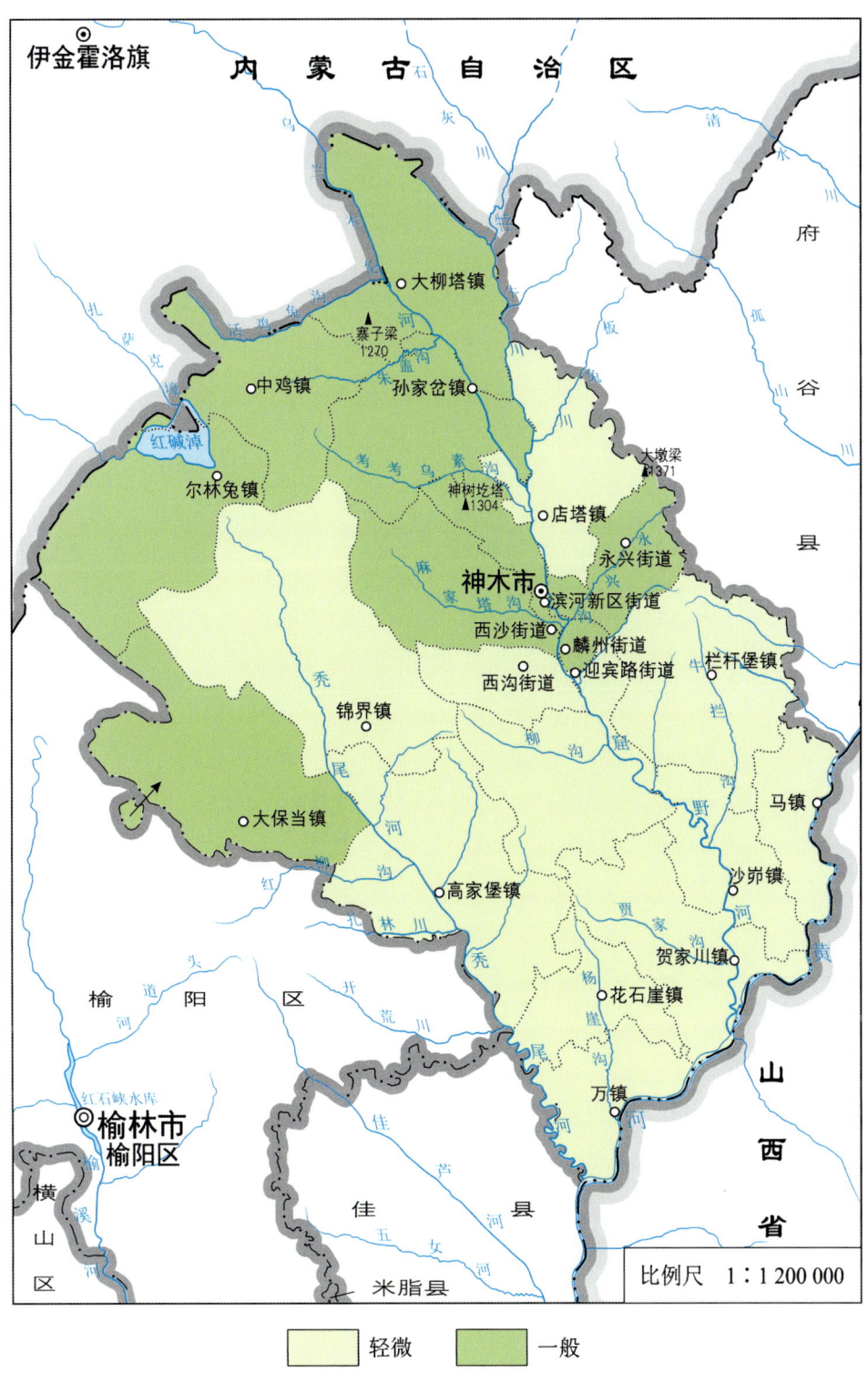

图 5.7 神木市建筑物地震灾害区域隐患等级分布图（农村独立住宅）

图 5.8 神木市建筑物地震灾害区域隐患等级分布图(农村集合住宅)

第五章
神木市建筑物地震灾害隐患评估

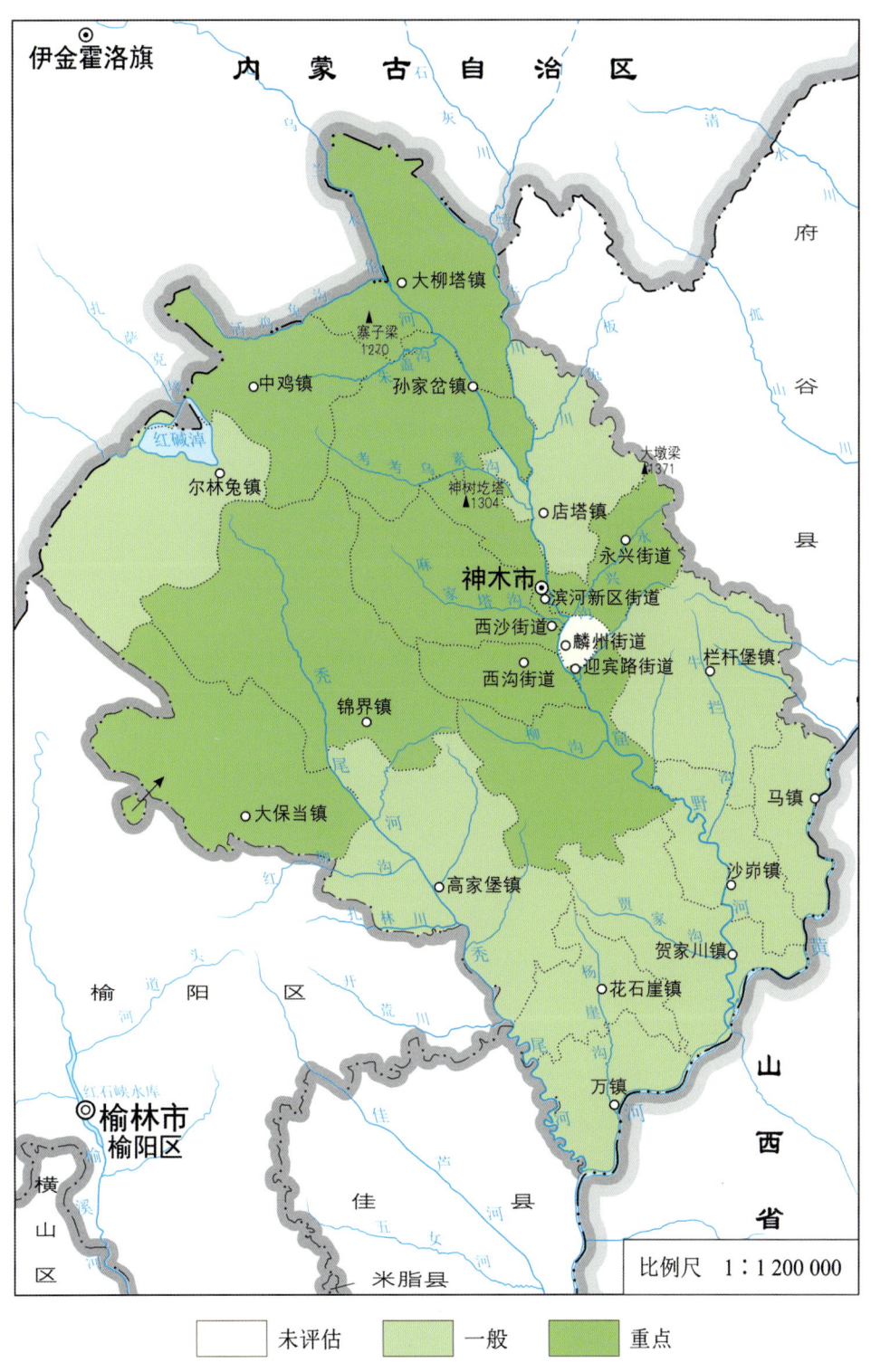

图 5.9　神木市建筑物地震灾害区域隐患等级分布图（农村非住宅）

由图5.5至图5.9可知,即从隐患分布的角度分析:

对于神木市城镇住宅类建筑而言:永兴街道、大保当镇、孙家岔镇、栏杆堡镇4个镇、街道区域隐患等级为"重点",可见以上4个镇、街道的城镇住宅类建筑物隐患大、风险高。

对于神木市城镇非住宅类建筑而言(除去没有城镇非住宅类建筑的马镇):尔林兔镇区域隐患评估为"轻微"等级,西沙街道、西沟街道、滨河新区街道、麟州街道4个街道区域隐患等级为"一般",其余15个乡镇街道区域隐患等级为"重点",可见市区主城区以外大部分乡镇的城镇非住宅类建筑物隐患大、风险高。

对于神木市农村独立住宅类建筑而言:全市均无区域隐患评估为"重点"等级的乡镇街道,尔林兔镇、大保当镇、中鸡镇、大柳塔镇、孙家岔镇、西沙街道、滨河新区街道、永兴街道8个镇、街道区域隐患等级为"一般",其余12个乡镇街道区域隐患等级为"轻微",可见市区西部及北部大部分乡镇街道的农村独立住宅类建筑物隐患较大、风险较高。

对于神木市农村集合住宅类建筑而言:店塔镇、高家堡镇2个镇区域隐患等级为"一般",其余18个乡镇街道区域隐患等级均为"重点",可见神木市绝大部分乡镇、街道的农村集合住宅类建筑物隐患大、风险高。

对于神木市农村非住宅类建筑而言(除去没有农村非住宅类建筑的麟州街道):中鸡镇、大柳塔镇、孙家岔镇、大保当镇、锦界镇、西沙街道、西沟街道、滨河新区街道、迎宾街道、永兴街道10个镇、街道区域隐患等级为"重点",其余9个乡镇、街道区域隐患等级为"一般",可见神木市中部、西部及北部大部分乡镇、街道的农村非住宅类建筑物隐患大、风险高。

第四节 小 结

基于地震灾害风险普查承载体隐患数据,统计分析了神木市各类建筑物的抗震设防、现存病害和建造年代分布情况,进而依据《建(构)筑物地震灾害隐患等级评定方法》计算给出神木市各类建筑物单体和区域隐患等级。评估结果显示,整体上神木市建筑物地震灾害隐患程度不高,具备以下3个特征。

(1)神木市建筑物整体抗震设防比例偏低,各类"不设防"建筑物总量占比均超过80%;从区域分布来看,农村建筑不设防比例高于城镇建筑。存在病害的建筑物主要集中在城镇住宅及农村独立住宅,病害比例均超过40%;除农村集合住宅外,住宅类病害比例高于非住宅类。建筑年代方面,城镇住宅、农村独立住宅2000年以前建造占比偏高,占比均超过40%;除农村集合住宅外,住宅类建筑比非住宅类更为老旧。

(2)除城镇非住宅类建筑外,神木市其他4种类型建筑物单体隐患等级以"轻微"为主,"一般"等级占比均未超过20%;另外,神木市不存在单体隐患等级为"重点"的建筑物。

(3)乡镇区域隐患等级结果显示,从隐患所属的建筑类型角度分析:农村集合住宅类建筑物隐患大、风险高,城镇非住宅、农村非住宅类建筑物隐患较大、风险较高;从隐患分布的角度分析:市区个别乡镇、街道的城镇住宅类建筑物隐患大、风险高;市区主城区街道以外的大部分乡镇的城镇非住宅类建筑物隐患大、风险高;市区西部及北部大部分乡镇街道的农村独立住宅类建筑物隐患较大、风险较高;市区绝大部分乡镇、街道的农村集合住宅类建筑物隐患大、风险高;市区中部、西部及北部大部分乡镇、街道的农村非住宅类建筑物隐患大、风险高。

第六章

神木市地震灾害风险评估与区划

第六章 神木市地震灾害风险评估与区划

地震灾害具有突发性、影响范围广、损失破坏严重、预测难度大等特点,一次中强地震的发生往往会对社会经济、人民生命等造成严重的损失。近年来,我国大陆地区相继发生了汶川8.0级、玉树7.1级、庐山7.0级、鲁甸6.5级等中强地震,同时引发了一系列滑坡、崩塌等次生灾害,造成大量的人员死亡和经济损失。所以基于危险性和承灾体数据,利用科学的方法分区域开展地震灾害可能造成的损失,事先进行各类风险和隐患的治理,可在一定程度上减轻地震灾害造成的损失。地震灾害风险是指地震作用所引起的建筑物损坏或生命损失等危害后果发生的可能性(Reiter,1990),针对风险的量化评价是开展灾害风险防治的重要依据(向喜琼等,2000)。很多学者针对不同区域采用不同方法开展了大量地震灾害风险研究工作(王慧彦等,2009;陈洪富等,2011;徐伟等,2004;张维佳等,2013;孙柏涛等,2017;张桂欣等,2017、2018、2020),大量地震灾害风险研究工作的开展,为地震灾害风险评估和区划工作奠定了坚实的基础。

据统计,2011~2020年我国大陆发生4.0级以上地震千余次。造成人员伤亡的地震事件71次,共造成1 209人死亡、113人失踪和2万余人受伤(南燕云等,2021),地震灾害带来的人员死亡很难完全避免,但是基于震害预测等科学方法事先开展风险评估,结合评估结果开展风险治理和对策研究,能很大程度上减轻风险的严重程度。基于第一次全国自然灾害风险普查工程收集的大量数据,在神木市开展区域地震灾害风险评估,基于不同概率地震危险性分析,对地震灾害进行定量化评价,能为制定区域城乡发展规划,减轻地震灾害可能造成的人民生命和财产安全提供重要的科技支撑,同时能为区域地震灾害风险防治和地震保险等提供科学依据。

第一节 地震人员死亡风险评估

一、评估方法

地震灾害造成人员死亡的因素有很多,造成人员死亡的因素除了与地震震级、地震烈度、震区建筑物抗震能力、人口分布等有关以外,还受到发震时间、震中位置、地震区地质地形条件、人员在室率等因素的影响。很多学者在地震人员死亡预测方面开展了大量的研究工作(陈棋福等,1997;杨天青等,2006;刘吉夫等,2009;钱枫林等,2013;王东明等,2019;闫佳琦等,2021)。一般情况下,地震人员伤亡评估方法可根据是否考虑建筑物破坏对人员伤亡的影响分为2大类,即分为基于地震参数(震级、发震时间、烈度、灾区范围、人口密度等)的伤亡模型和基于建筑物破坏概率(建筑物易损性、破坏比、人员死亡率等)的伤亡模型。

基于地震参数的震灾人员死亡评估方法一般使用较少的参数,模型相对简单、评估时计算量较小,但是,经验模型的产生需要大量的历史地震数据,而影响地震人员死亡的因素非常多,同时作为导致震后人员死亡的重要因素——建筑物抗震能力无法体现,所以,此类方法应用到较小区域时准确性不高。在特定区域开展地震人员死亡评估时,最理想的情况是综合考虑各种关键影响因素,针对不同区域建立分类评价的人员伤亡评估模型,构建其分类评价指标,同时基于历史震害数据的统计,最大可能地定量化分析影响地震人员死亡的关键因素,结合震区建筑破坏、地区人口分布等,建立人员死亡空间分布模型,在此基础上进一步给出多元化、定量化的评估模型用于地震人员死亡评估。

在评估模型方面,国内外学者基于历史震害数据开展了大量的模型算法研究工作,利用不同模型计算得到的结果也大不相同。马玉宏等人通对比 26 种模型认为,每种模型因为统计资料和考虑因素不同,计算结果也大不相同,但是当模型考虑了建筑物倒塌率、毁坏比、发震时间、地震烈度、灾区人口密度等诸多因素时,其计算结果与实际情况比较接近(马玉宏等,2000)。孙柏涛等人(孙柏涛等,2017;Sun Baitao,2018)在系统分析影响地震人员死亡关键因素的基础上,基于多因素提出一套用于地震人员死亡的完整的思路和方法。

$$Loss = \sum_r \sum_s \sum_j D_j \cdot C_r \cdot B_s \cdot (P_s[D_j \mid I] \cdot A_s) \cdot \left(\rho \frac{M_r}{A_r}\right) \quad (6.1)$$

式中,$Loss$ 为人员死亡数量;r 为不同分级区域;s 为建筑物结构类型;j 为破坏等级;D_j 为结构在破坏等级 j 下的人员死亡率;C_r 为区域修正系数;B_s 为 s 类结构的修正系数;I 为地震烈度;$P_s[D_j \mid I]$ 为结构破坏比;A_s 为第 s 类建筑结构的总面积;$\rho \frac{M_r}{A_r}$ 为室内人口密度,ρ 为不同时段室内人员的影响系数,M_r 为区域的总人口数,A_r 为区域总建筑面积。

中国地震局工程力学研究所在长期大量研究工作积累的基础上,开发了"全国地震灾害风险评估与区划系统(HAZ-China)"(陈洪富等,2013;陈相兆,2016),该系统是根据震害预测技术规范的工作内容、技术方法等相关规定,建立的基于 WebGIS 的地震灾害预测信息管理系统。为保障全国地震行业顺利开展地震灾害风险评估与区划工作,专家团队根据风险普查相关技术规范和成果表达形式的要求,集成各类评估模型的最新研究成果并对系统进行简化,构建了专用于地震灾害风险评估与区划工作的软件平台。该平台面向地震灾害风险评估与区划工作集成了基础数据上传与管理、风险评估和结果查询下载等功能模块。在此基础上,陕西省地震局对神木市各类房屋建筑抽取区域典型房屋特征进行了抽样详查。综合各类抽样详查数据,中国地震局工程力学研究所结合神木市房屋建造特征及我国历史震害分析结果,计算给出了神木市各类结构建筑物的易损性模型和人员死亡评估模型并预置在平台中,用户仅需上传目标区4种概率水准地震作用下的危险性、建筑物和人口分布格网等相关数据后,即可在线完成相关评估工作,本章地震人员死亡风险评估工作基于HAZ-China平台开展。

二、评估数据

1. 承灾体数据

按照全国第一次自然灾害综合风险普查工程的总体部署,住建部门逐栋开展了神木地区房屋建筑数据精细化调查,调查数据综合考虑了承灾体面积、结构类型、抗震设防状况、使用情况、建造年代、病害情况等。基于调查数据,由中国地震局牵头统一制作并完成了公里格网级别的神木市建筑物和人口分布数据集,每个格网包含了评估所需的建筑物总面积、各类建筑结构所占比例、人口数量等详细信息。本章地震灾害人员死亡评估计算中,所使用的建筑物和人口数据均以此为基础。

2. 地震危险性数据

神木市地震人员死亡评估涉及的地震危险性数据,使用本书第三章地震危险性分析计算得到的神木市4个概率水准地震作用下的峰值加速度对应的烈度值。

三、评估结果

基于神木市建筑物、人口等承灾体公里格网数据和神木市地震危险性分析结果,采用HAZ-China平台计算得到神木市在4个概率水准地震作用下地震人员死亡风险,评估结果见表6.1。从神木市4个概率水准地震作用下人员死亡风险评估结果可以看出,在50年63%概率水准(多遇地震动)下,神木市无人员死亡;在50年10%概率水准(基本地震动)即基本设防水平下,评估死亡人数未超过18人。随着地震危险性的升高,地震人员死亡数量逐步增大,但即使在100年1%概率水准(极罕遇地震动)下,评估死亡人数未超过83人。由此可见神木市地震灾害人员死亡风险相对较低。

表6.1 神木市4个概率水准地震作用下人员死亡风险评估结果

地震危险性	50年63% (多遇地震动)	50年10% (基本地震动)	50年2% (罕遇地震动)	100年1% (极罕遇地震动)
评估死亡人数/人	0	18	64	83

注:不同地震危险性对应的烈度分布详见本书第三章。

基于ArcGIS软件平台,绘制得到了神木市4个概率水准地震作用下的人员死亡风险空间分布(如图6.1所示),图件清晰地展示了神木市不同地区在不同地震危险性下的人员死亡分布情况。从图中可以看出,同等级地震危险性水准下,神木市麟州街道死亡人数较其他地区相对较多。

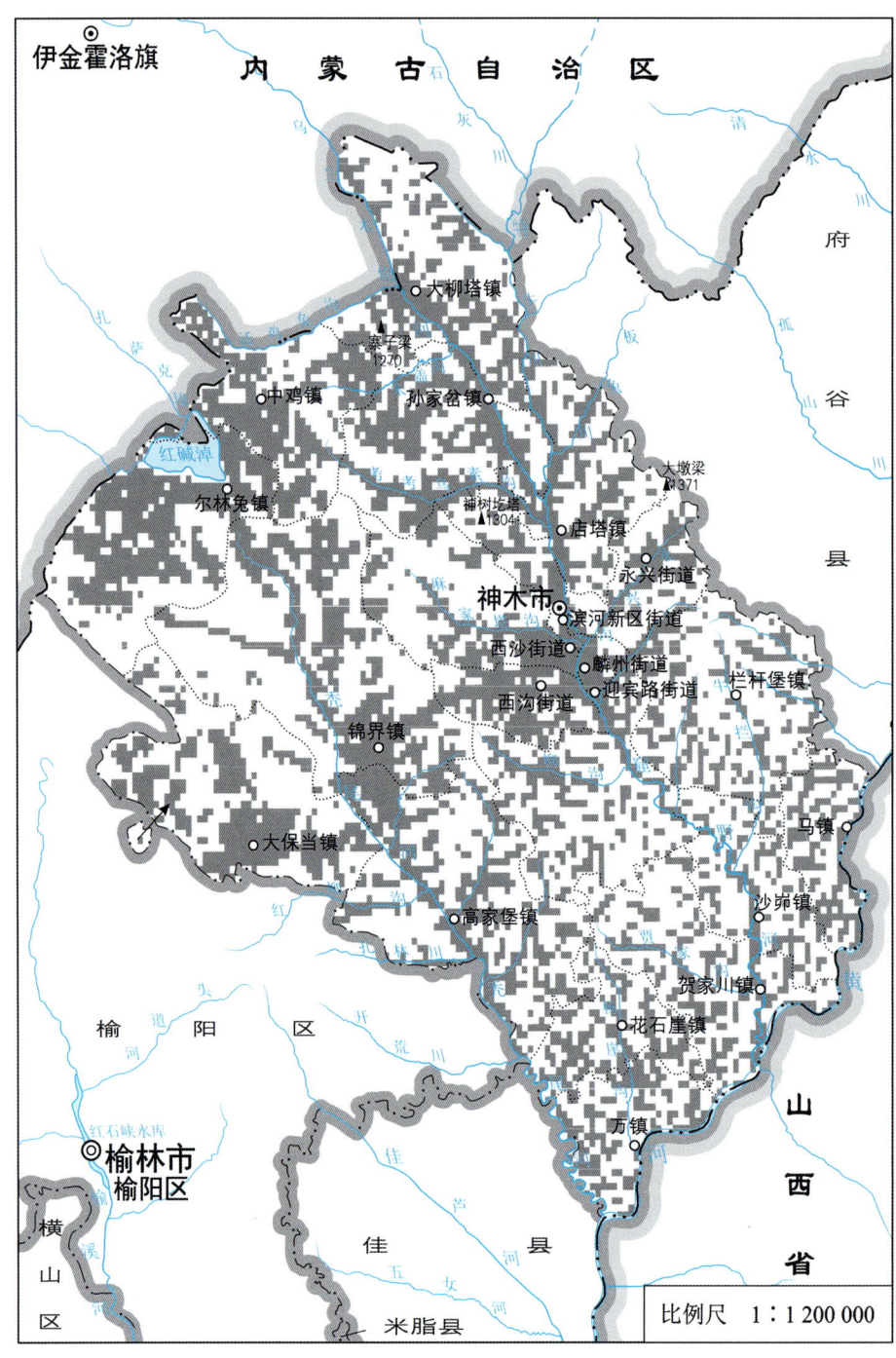

(a) 50年超越概率63%

第六章
神木市地震灾害风险评估与区划

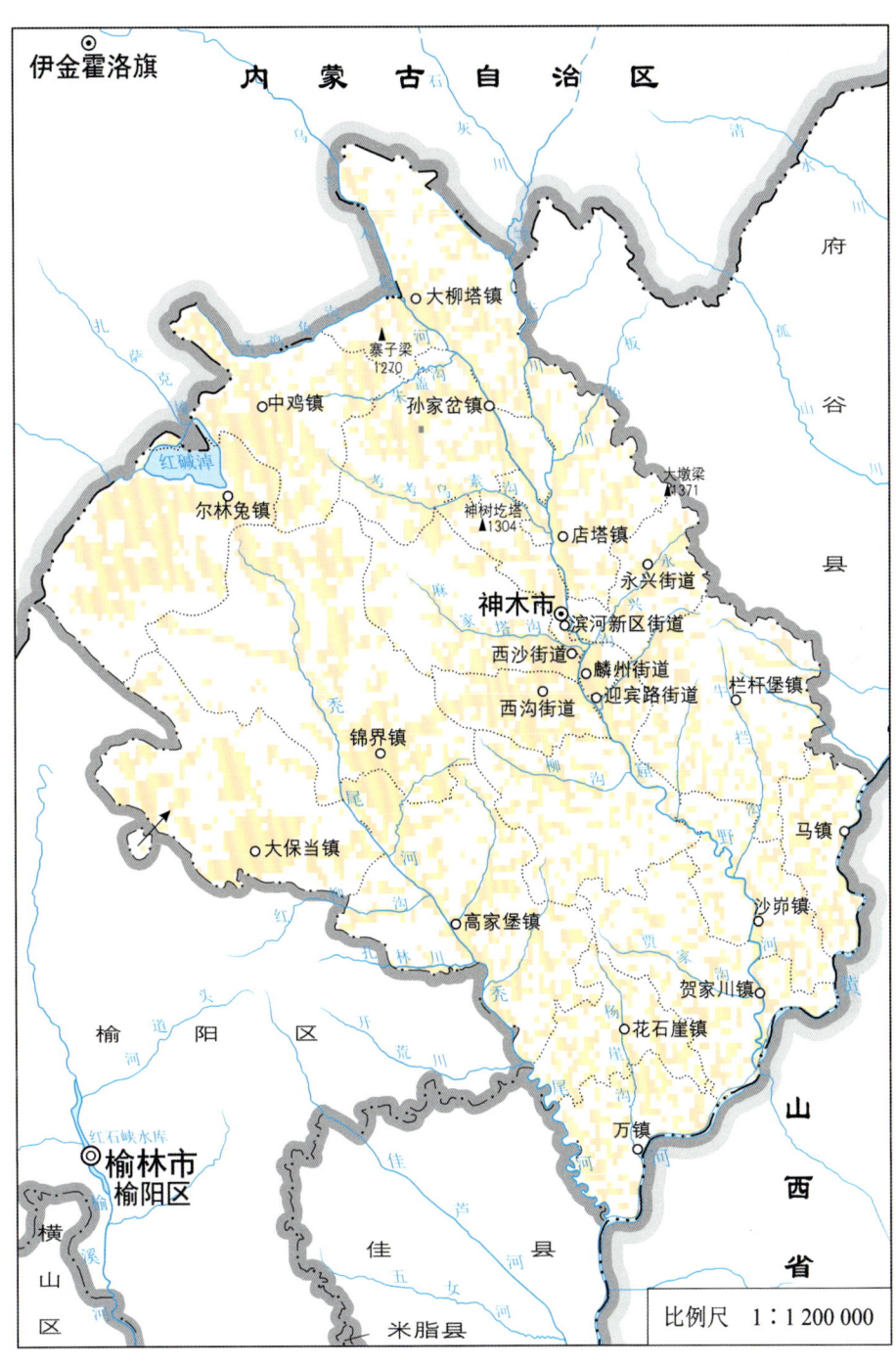

(b) 50年超越概率10%

(c) 50年超越概率2%

第六章 神木市地震灾害风险评估与区划

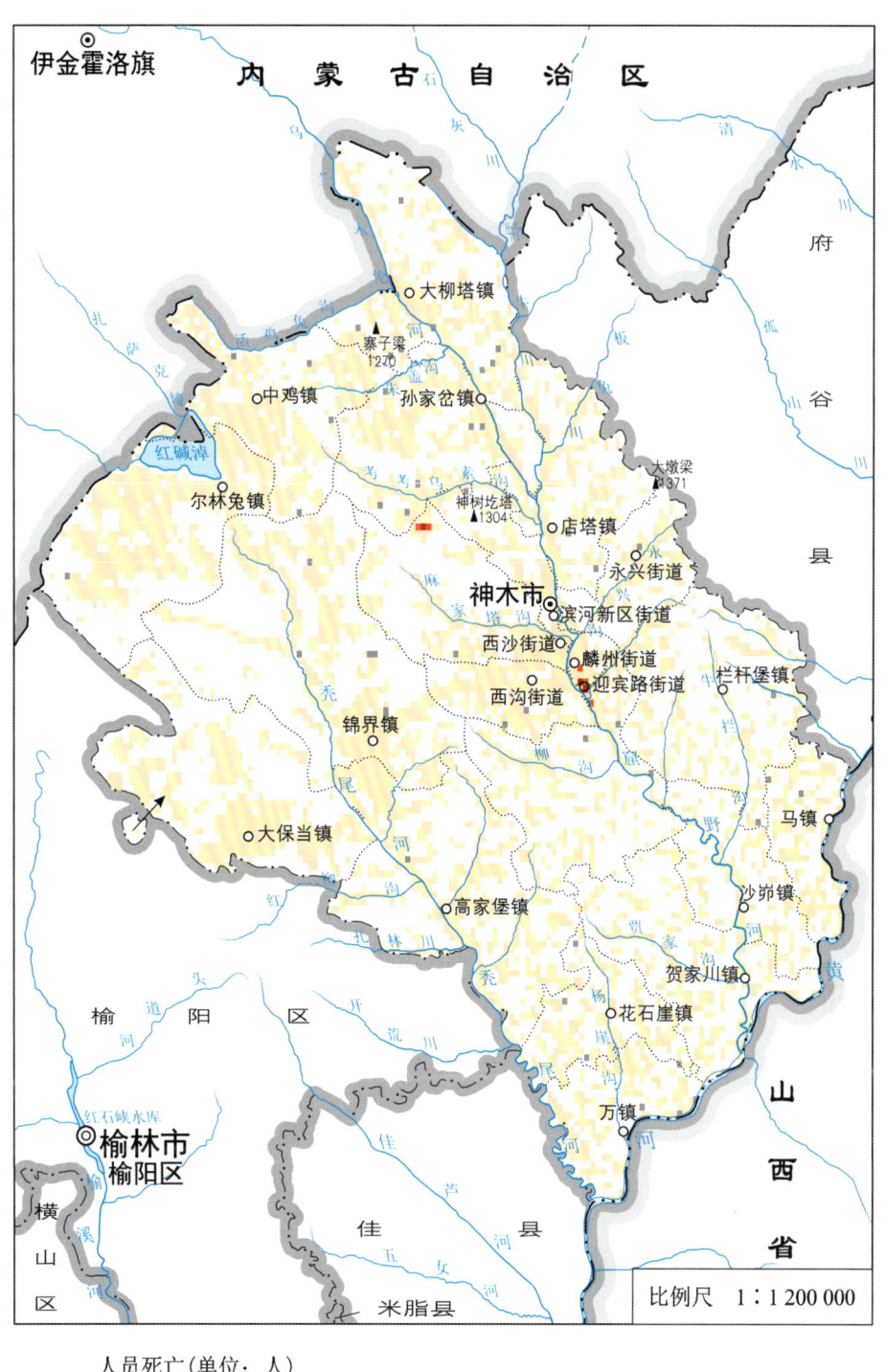

(d) 100年超越概率1%

图 6.1 神木市地震灾害人员死亡风险分布图

四、风险区划

将评估死亡人口数量作为分级指标,根据第一次全国自然灾害综合风险普查技术规范《地震灾害风险评估技术及数据规范(FXPC/DZ P—02)》中的地震灾害风险人员死亡等级分级划分标准(见表6.2),以神木市为计算单元,将4个概率水准地震作用下造成的人员死亡风险进行分级评价,其风险等级分级结果见表6.3。

表6.2 地震灾害人员死亡风险等级分级指标

风险等级	分级指标(以区/县行政区为估算单元)
Ⅰ级	死亡人数≥300
Ⅱ级	300＞死亡人数≥150
Ⅲ级	150＞死亡人数≥50
Ⅳ级	50＞死亡人数≥10
Ⅴ级	死亡人数＜10

表6.3 神木市在4个概率水准地震作用下人员死亡风险等级

地震危险性	50年63% (多遇地震动)	50年10% (基本地震动)	50年2% (罕遇地震动)	100年1% (极罕遇地震动)
死亡人数/人	0	18	64	83
风险等级	Ⅴ级	Ⅳ级	Ⅲ级	Ⅲ级

注:不同地震危险性对应的烈度分布详见本书第三章。

从神木市在4个概率水准地震作用下的人员死亡评估风险等级可以看出,在50年超越概率63%(多遇地震动)下,神木市无人员死亡,其风险等级为Ⅴ级;在50年超越概率10%(基本地震动)下,死亡人数未超过50人,其风险等级为Ⅳ级;在50年超越概率2%(罕遇地震动)和在100年超越概率1%(极罕遇地震动)下,死亡人数均未超过150人,风险等级均为Ⅲ级。由此可见,神木市地震灾害人员死亡风险整体处于较低水平。

第二节　建筑物直接经济损失风险评估

地震直接经济损失是指地震、地震地质灾害及地震次生灾害造成的房屋和其他工程结构、设施、设备、物品等物项破坏的经济损失(中国地震局,2011)。2008年汶川地震中,陕西省汉中、宝鸡、安康、咸阳、西安等城市仅由于城镇房屋不同程度的损毁就造成直接经济损失171 256万余元,给人民和国家财产造成巨大损失(陕西省地方志编纂委员会,2012)。较为准确地评估地震直接经济损失非常困难,其原因在于随着经济的发展,地区财产总量及对应的地震易损性在不断发生变化,全维度、大范围的统计数据获取难度大。同时,不同承灾体的损失评估模型研究不够完善,导致重大地震灾害经济损失评估结果的精确度不高且时效性和可靠性较差。本章仅考虑由于建筑物损坏造成的直接经济损失。

一、评估方法

我国地震损失评估工作较国外相对较晚,但是近年来国内诸多学者开展了大量关于地震损失评估的研究,并取得了较为丰硕的研究成果,逐步提高了学者关于震害损失评估方法的认识。地震灾害造成的经济损失,与地震震级、震区建筑物结构类型、易损性等因素密不可分。侯爽等(侯爽等,2007)针对城市3类典型建筑,基于建筑物易损性分析对地震损失进行了预测和估算,并对单体和群体建筑物的易损性分类方法进行了探讨;孙柏涛等(孙柏涛等,2007)基于云南省历史震害损失评估数据资料,建立了经济损失与受灾人口的定量关系,在此基础上对历史震例损失进行了评估对比;吴琼(吴琼,2015)基于建筑物易损性分析方法,通过对地震直接经济损失的理论研究,从统计学角度构建了用于地震灾害损失快速评估的 BP 神经网络模型。

地震建筑物直接经济损失可表示为结构易损性、社会财富和损失比的函数。孙柏涛等人(孙柏涛等,2017;Sun Baitao,2018)在建筑物大量抽样调查的基础上考虑诸多相关因素,基于建筑物抗震能力综合指数将全国分为若干区域,并提出一套用于评估区域建筑物地震灾害损失风险的完整的思路和方法。

$$Loss = \sum_i \sum_s \sum_j P_s[D_j \mid I] \cdot A_s \cdot C_s \cdot R_{sj} \quad (6.2)$$

式中,$Loss$ 为地震灾害风险损失;s 为建筑物结构类型;$P_s[D_j \mid I]$ 为 s 类结构的易损性矩阵;I 为地震烈度;j 为破坏等级;A_s 为 s 类结构的建筑面积;C_s 为 s 类结构的建造单价;R_{sj} 为 s 类结构在破坏等级为 j 时的损失比。

在 HAZ-China 平台基础上,陕西省地震局对神木市各类房屋建筑抽取区域典型房屋特征进行了抽样详查,调研统计了各类建筑物重置单价,综合各类抽样详查数据,中国地震局工程力学研究所计算给出了神木市各类结构建筑物的易损性模型和地震灾害经济损失评估模型并预置在平台中,用户仅需上传目标区 4 种概率水准地震作用下的危险性、建筑物分布格网、各类建筑物重置单价等相关数据后,即可在线完成相关评估工作,本章地震灾害经济损失风险评估工作基于 HAZ-China 平台开展。

二、评估数据

1. 承灾体数据

按照全国第一次自然灾害综合风险普查工程的总体部署,住建部门逐栋开展了神木地区房屋建筑数据精细化调查,调查数据综合考虑了承灾体面积、结构类型、抗震设防状况、使用情况、建造年代、病害情况等。基于调查数据,由中国地震局牵头统一制作并完成了公里格网级别的神木市建筑物和GDP分布数据集,每个格网包含了评估所需的建筑物总面积、各类建筑结构所占比例、GDP等详细信息。本章地震灾害经济损失风险评估所使用的建筑物和经济均以此为基础。

2. 地震危险性数据

神木市地震人员死亡评估涉及的地震危险性数据,使用本书第三章地震危险性分析计算得到的神木市4个概率水准地震作用下的峰值加速度对应的烈度值。

3. 建筑物重置单价数据

重置单价指的是由于地震导致建筑物损坏后,以单位面积统计的修复或者重建所需的费用,本次评估所用各类建筑重置单价是由住建部门提供的区域平均值。

三、评估结果

基于神木市建筑物、社会经济、房屋重置单价等承灾体公里格网数据和神木市地震危险性分析结果,采用HAZ-China平台计算得到神木市在4个概率水准地震作用下建筑物直接经济损失风险,评估结果见表6.4。从神木市4个概率水准地震作用下建筑物直接经济损失风险评估结果可以看出,在50年超越概率63%(多遇地震动)下,神木市无经济损失;随着地震危险性的升高,经济损失风险逐步增大。

表6.4 神木市4个概率水准地震作用下建筑物直接经济损失

地震危险性	50年63%（多遇地震动）	50年10%（基本地震动）	50年2%（罕遇地震动）	100年1%（极罕遇地震动）
经济损失/万元	0	566 793	687 784	778 169

注：不同地震危险性对应的烈度分布详见本书第三章。

基于ArcGIS软件平台,绘制得到了神木市4个概率水准地震作用下的建筑直接经济损失风险空间分布(如图6.2所示),图件清晰地展示了神木市各个地区不同地震危险性下的经济损失分布情况。从图中可以看出,同等级地震危险性水准下,神木市麟州街道经济损失较其他地区相对较高。

第六章
神木市地震灾害风险评估与区划

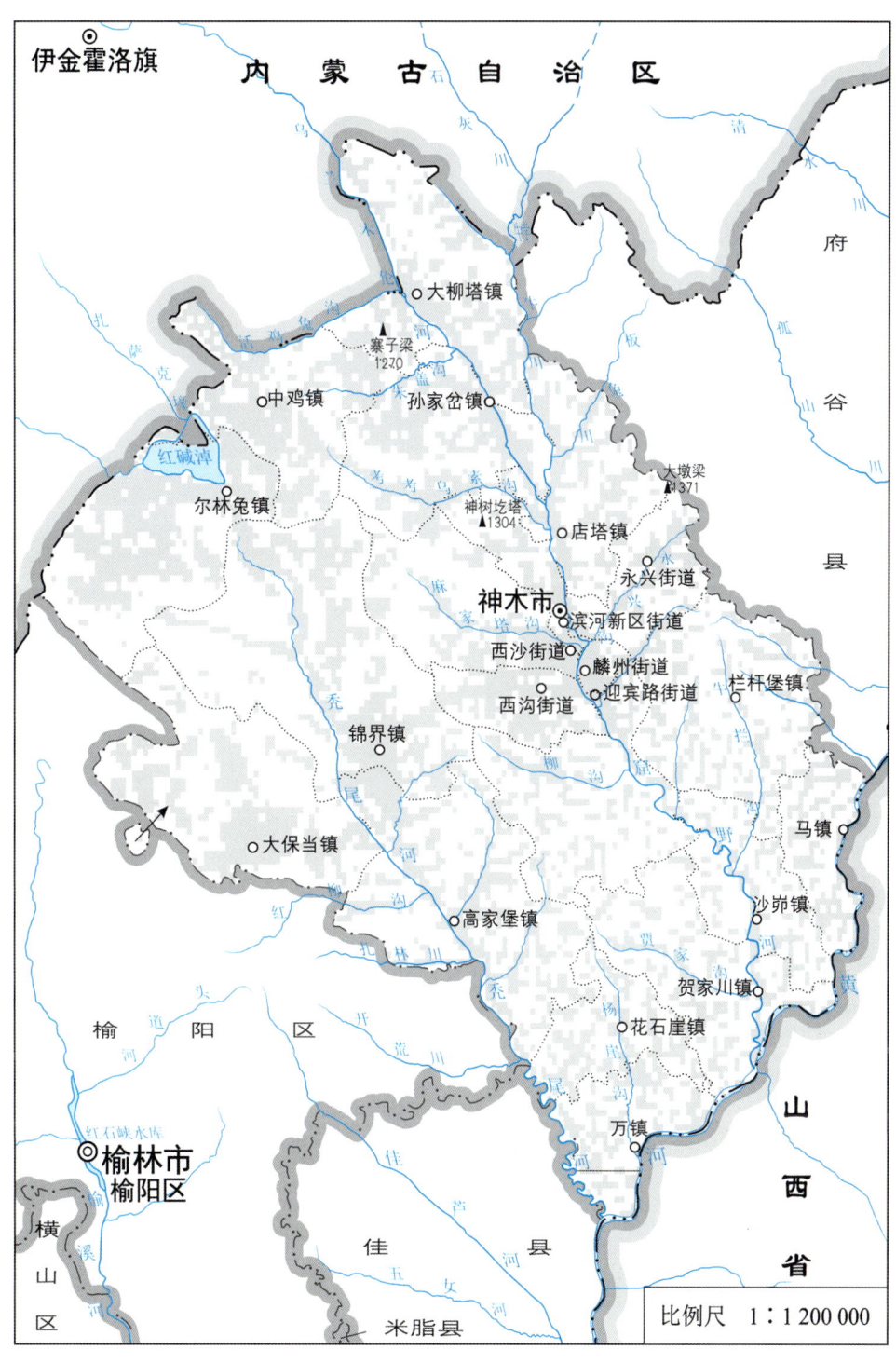

(a) 50年超越概率63%

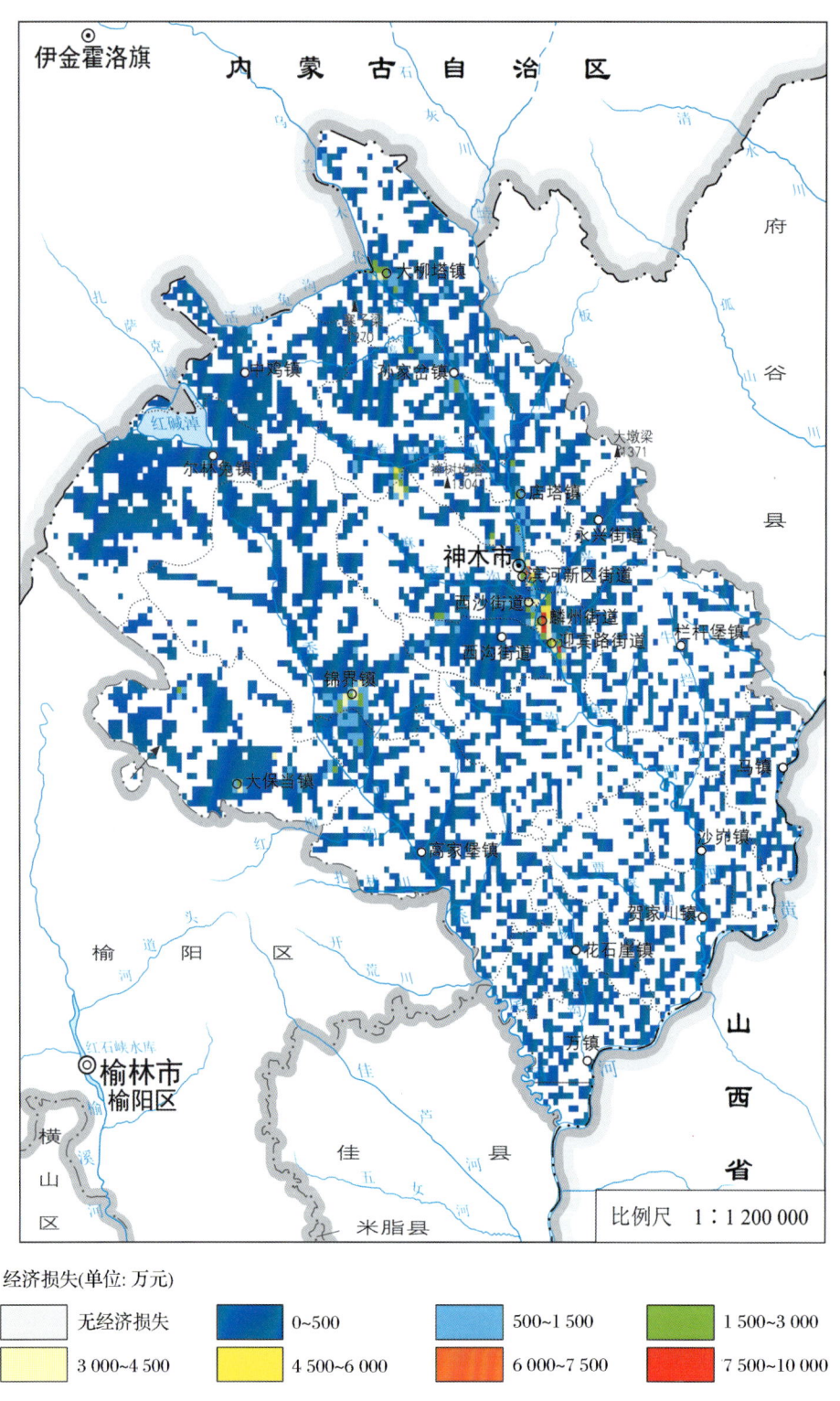

(b) 50年超越概率10%

第六章
神木市地震灾害风险评估与区划

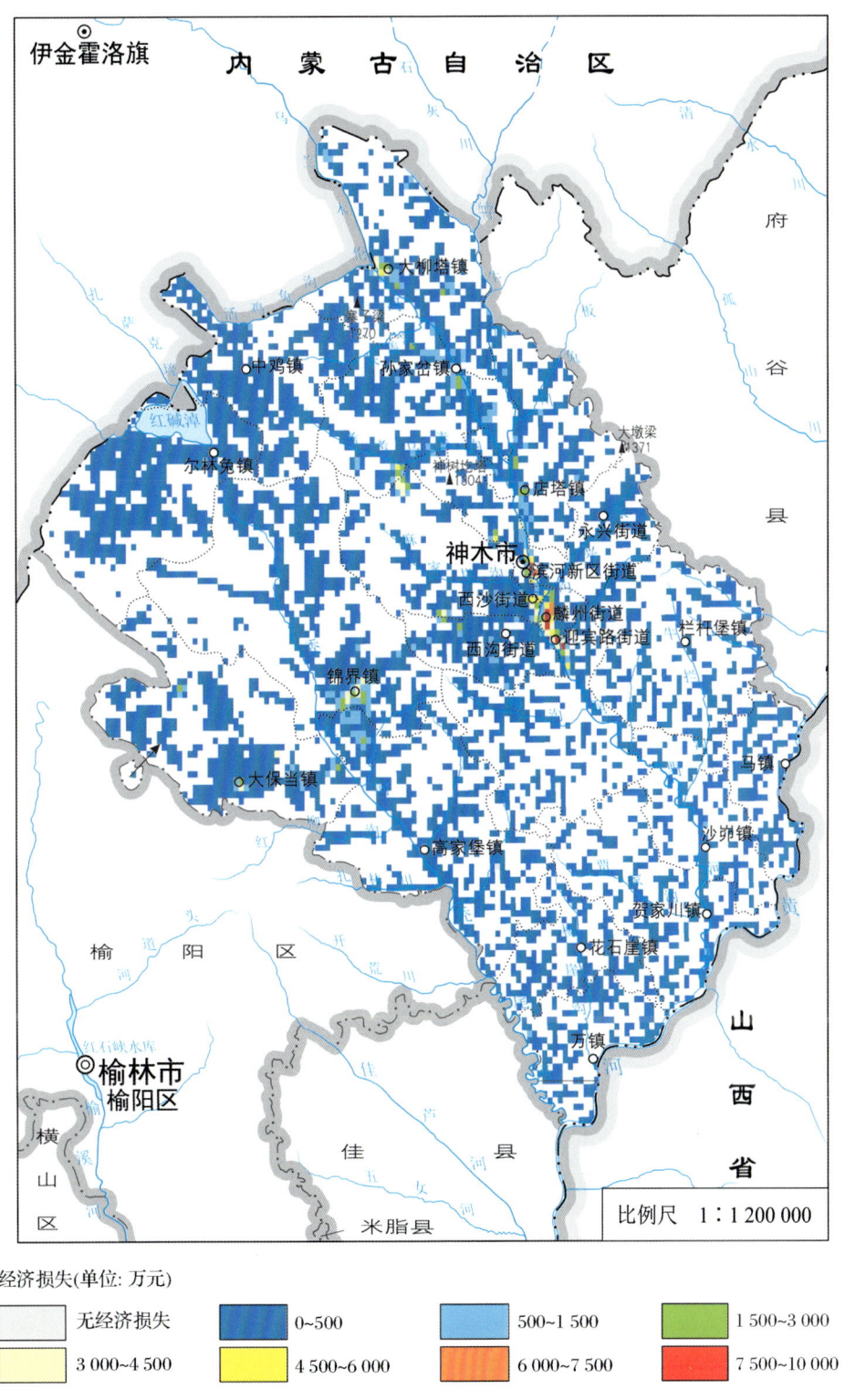

(c) 50年超越概率2%

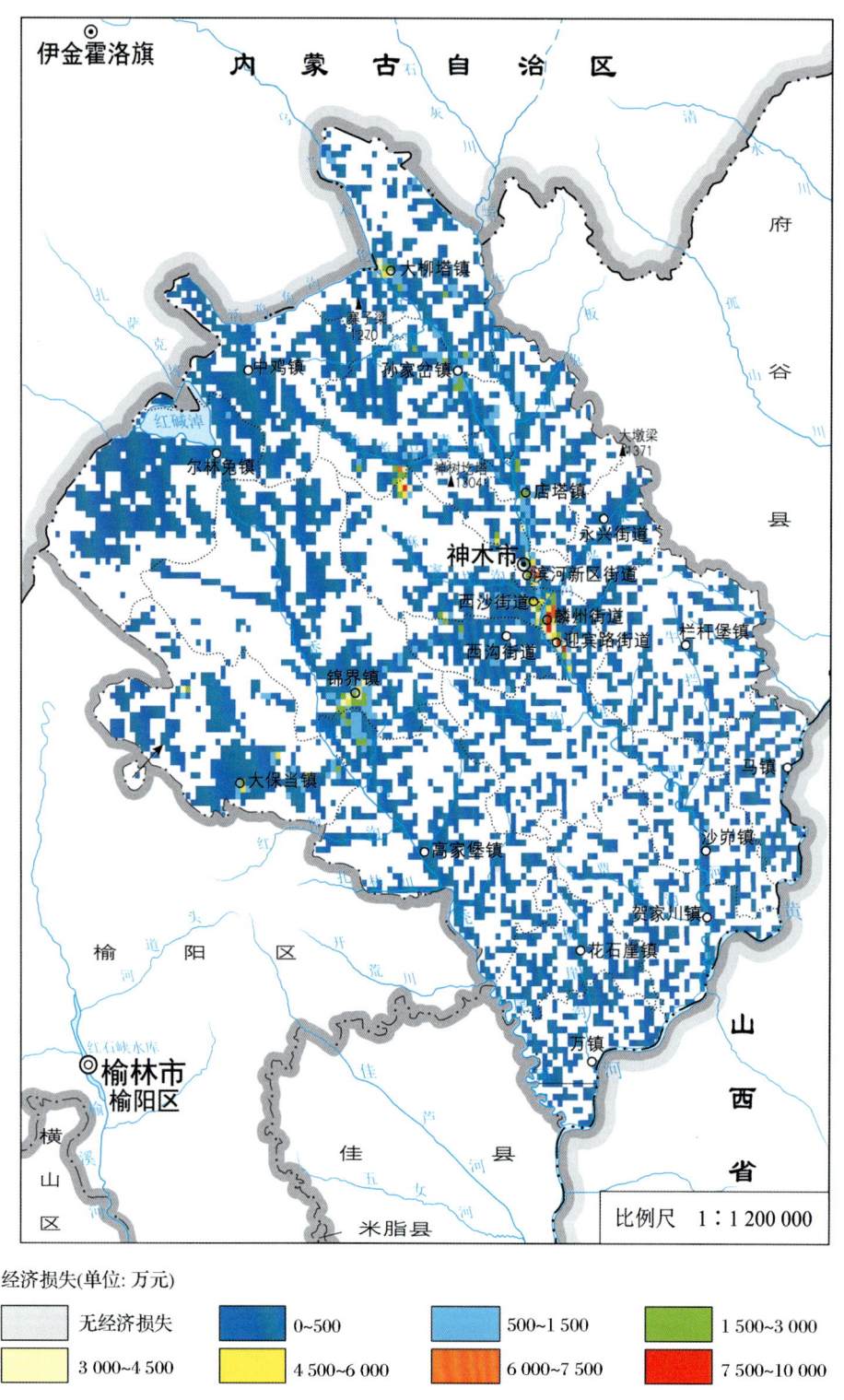

(d) 100年超越概率1‰

图6.2 神木市地震灾害建筑物直接经济损失分布图

第六章 神木市地震灾害风险评估与区划

四、风险区划

将评估经济损失与区域上年度 GDP 比值作为分级指标,根据第一次全国自然灾害综合风险普查技术规范《地震灾害风险评估技术及数据规范(FXPC/DZ P—02)》中的地震灾害建筑物直接经济损失风险等级分级划分标准(见表6.5),以神木市整体为计算单元,将4个概率水准地震作用下造成的经济损失风险进行分级评价,其风险等级分级结果见表6.6。

表6.5 建筑物直接经济损失风险等级分级指标

风险等级	分级指标(以区/县行政区为估算单元)
Ⅰ级	(直接经济损失/区域内上年度 GDP)≥75%
Ⅱ级	75%＞(直接经济损失/区域内上年度 GDP)≥45%
Ⅲ级	45%＞(直接经济损失/区域内上年度 GDP)≥25%
Ⅳ级	25%＞(直接经济损失/区域内上年度 GDP)≥15%
Ⅴ级	(直接经济损失/区域内上年度 GDP)＜15%

表6.6 神木市4个概率水准地震作用下建筑物直接经济损失风险等级

地震危险性	50年63%（多遇地震动）	50年10%（基本地震动）	50年2%（罕遇地震动）	100年1%（极罕遇地震动）
与2021年区域 GDP 比值	0%	4.38%	5.32%	6.01%
风险等级	Ⅴ级	Ⅴ级	Ⅴ级	Ⅴ级

注:不同地震危险性对应的烈度分布详见本书第三章。

从神木市在4个概率水准地震作用下的经济损失风险等级可以看出,在50年超越概率为63%(多遇地震动)下,神木市无经济损失;在50年超越概率10%(基本地震动)下,经济损失占上年 GDP 总量的4.38%;在50年超越概率2%(罕遇地震动)下,经济损失占上年 GDP 总量的5.32%;在100年超越概率1%(极罕遇地震动)下,经济损失占上年 GDP 总量的6.01%;即4个概率水准地震作用下建筑物直接经济损失均未超过上年度 GDP 总量的15%,按照风险等级分级指标,其风险等级均为Ⅴ级。由此可见,神木市地震灾害建筑物直接经济损失风险处于低水平。

第三节 小 结

神木市地震灾害风险评估与区划是基于地震危险性分析、建筑物普查、人口、经济等暴露度调查等基础上,根据全国第一次自然灾害综合风险普查工程相关技术规范形成的地震灾害评估成果,包括不同地震概率水准下的地震灾害建筑物直接经济损失、人员死亡风险及对应的区域风险等级。评估使用的数据包括国务院普查工作办公室提供的基础地理信息数据和承灾体数据、陕西省地震局计算的地震危险性数据及相关调查数据。

神木市不同地震概率水准下的地震灾害损失评估结果表明,神木市在50年超越概率为63%(多遇地震动)下,不会造成人员死亡和建筑物直接经济损失;在50年超越概率为10%的地震危险性即我国基本设防水平下,神木市地震灾害人员死亡和经济损失风险等级分别为Ⅳ级和Ⅴ级;随着地震危险性的升高,人员死亡数量和建筑物直接经济损失值逐步增长,但总体上仍处于较低风险水平。地震灾害损失分布图表明,人员死亡和建筑物直接经济损失风险相对较大的地区为神木市麟州街道。

第七章 神木市地震灾害风险及防治对策

第一节　地震灾害风险

神木市位于陕西省北部,秦晋蒙三省(区)接壤地带,是陕西省面积最大的县级市。神木市西北高东南低,境内地貌复杂,类型多样,梁峁相接、山大沟深、沙漠遍布,自然条件较差。区内居民地主要分布于河流谷地,工业设施主要分布于沙漠草滩,城镇人口较为密集。神木市蕴藏着十分丰富的矿产资源,从而带动了煤化工等能源产业的发展,经济生成总值在区县(县级市)排名中为陕西省第一。地震构造上,神木市位于鄂尔多斯地块东北缘,块体内部稳定,除塌陷地震外,很少发生天然地震。根据《中国地震动参数区划图》(GB18306—2015),神木市位于地震动峰值加速度 0.05g 区,对应的基本地震烈度为Ⅵ(6)度,地震活动主要受周边河套地震带、汾渭地震带的影响。

神木市域人口分布、经济水平发展不均衡,地质地貌复杂,地震灾害隐患多样,同等规模的地震在不同区域可能造成的人员伤亡及救灾难易程度差别较大,主要致灾因素有以下几个方面。

1. 塌陷地震

塌陷地震是地震种类的一种,神木市作为煤炭能源基地,区内因煤层开采导致地下多形成采空区,上部岩层崩塌陷落作用而形成塌陷地震。塌陷地震震源浅,震级及影响范围小,但在矿区范围内,塌陷地震会对矿区人员的生命造成严重威胁,并直接影响矿区生产。同时,塌陷地震在地表引发大面积塌陷,形成纵横蔓延的裂缝,对周边建筑物及居民安全造成威胁,神木市应对这类地震重点加以考虑。

2. 远源大震影响

神木市所处的鄂尔多斯地震统计区地震活动较弱,根据相关研究成果,未来地震也处于较低的活动水平,但周邻的汾渭地震统计区、银川—河套地震统计区却处于活跃期,潜在地震危险性较高,存在发生大中型地震的可能性。这些地方发生远源大震,在长周期地震动影响作用下,也将对神木市产生较大的影响,乃至人员伤亡和经济损失。

3. 地震地质灾害隐患

神木市地形地貌复杂多变,具有较多的潜在地震地质灾害,地震地质灾害造成人员伤亡的可能性较大,主要有滑坡、崩塌、砂土液化等,地质灾害叠加地震影响,将造成一定的人员伤亡、财产损失和道路交通阻塞。

4. 建筑物地震灾害隐患

神木市建筑物结构形式多样,城区、城乡接合部和农村地区有明显的分区特征。高层建筑、框架结构、设防砌体等主要集中在城区,而城乡接合部和农村地区以部分设防和未设防的自建砌体结构为主,农村地区还存在形式多样的土、石窑洞。除城区以外,房屋抗震能力总体较弱,非住宅类隐患等级高于住宅类,尤其是榆神经济开发区、锦界工业园区工业建筑以及城镇社会保障设施类建筑物地震灾害隐患程度相对较高。根据评估结果,地震灾害导致人员死亡风险较大的地区位于神木市城区附近,建筑物直接经济损失风险较大的地区位于城区和工业园区。

第二节 地震灾害防治对策

结合神木市地震灾害风险评估结果,我们基本明确了地震灾害的主要影响因素及可能导致的地震灾害风险。为了减轻地震灾害可能造成的人员伤亡和经济损失,从重点隐患防治角度,在今后的工作中建议重点开展以下 6 个方面的工作。

1. 开展地震重点隐患调查

扎实常态化推进地震灾害风险普查和地震易发区房屋设施加固工程实施,通过建(构)筑物、市政设施等承灾体调查,同步开展房屋设施抗震设防信息采集,常态化推进承灾体隐患数据的动态更新;重点排查隐患等级为"一般"及以上的建(构)筑物,尤其是非住宅类人员密集场所、工业园区内厂房等建筑,结合房屋加固、棚户区改造等工程,对未采取抗震设防措施的建筑物,按照地震动参数区划图标准进行抗震加固;通过开展重大基础设施地震灾害隐患摸排和地震灾害风险评估,进一步掌握全市重大基础设施抗震设防信息和风险隐患。

2. 开展建筑物病害治理

尤其是针对居民住宅类房屋开展病害治理,对病害关键部位、病害程度较重或存在重大地震安全隐患的建筑物进行修缮或拆除。对区内非住宅类建筑物尤其是地震时或地震后使用功能不能中断或存放大量危险物品的工业建筑开展抗震性能鉴定,并视情况采取各项治理措施。

3. 开展房屋抗震能力鉴定

针对重大工程设施、未设防房屋进行抗震能力鉴定,依据鉴定结果视情况开展房屋加固或采取减震、隔震措施,对已经出现形变、裂缝的部位进行修缮。关注建于不利场地(液化、震陷、沉降)建筑物的地基形变,对于地基条件较差的区域,新建建筑物需充分考虑地基处理。同时,对本地工匠进行建筑设计与施工培训,提高农村自建房屋质量和抗震能力,将农村自建民房抗震管理纳入政府监管。

4. 开展地震灾害人员伤亡修正调查与精细化评估

针对不同区域开展具有区域特色的地震灾害风险精细化评估,形成多尺度、多精度的地震灾害风险评估区划,推进地震灾害评估常态化、业务化,提升地震应急服务能力。

5. 推动地震灾害防御信息化建设

建立信息共享机制,整合地震、住建、自然资源、交通、水利、统计等部门的相关数据,建立活动断层、地质构造、重要设施、人口经济等数据融合信息平台,全面掌握灾害底数,基于地震灾害情景构建开展地震灾害动态推演。

6. 加强地震安全性评价与抗震设防要求管理

明确必须开展地震安全性评价的建设工程范围,组织开展重大建设工程的地震安全性评价。选取功能规划明确的经济开发区、工业或产业园区,组织开展区域性地震安全性评价工作,为重大工程场地和规划区提供地震动参数。

第三节 地震应急准备

防震减灾,防为关键,现阶段最主要的是做好防灾减灾备灾工作,防患于未然。当前,神木市在地震应急预案、应急队伍建设、应急物资准备、应急避难场所建设等方面取得了一定的成绩,但是,需要进一步加强防震减灾队伍和机构建设,增强防震减灾工作意识,将地震应急准备工作和其他工作有机结合、协调推进。强化神木市抗震救灾指挥机构建设,充分发挥其统筹协调作用,突出多层级联动响应,加强指挥部成员单位之间的协作配合,调动各方应急救援力量;因地制宜采取针对性较强的应急准备措施,明确关键环节,细化应对方案,做到有备无患,切实提升应急能力。

统筹考虑神木市地形地貌、地质构造、交通状况、人口经济、地震危险性、建筑物抗震能力等因素,结合神木市区域地震灾害隐患特点,在开展中强地震应急处置工作时,应重点做好以下九个方面的工作。

1. 灾情收集方面

加强"三网一员"队伍建设,明确灾情报送人员、报送方式、报送时效,加强人员培训和日常演练,建立"三网一员"信息动态更新机制。拓宽信息报送渠道,加强各部门、各行业灾情报送管理,建立固定有效的灾情报送渠道,形成部门间、行业间的灾情信息共享机制。

2. 应急救援机制建设方面

立足本级应急预案,建立各层级、各部门、各个应急救援力量的联动协调机制,制定切实可行的社区、大型厂矿、景区人员疏散、撤离和善后工作方案。

3. 应急物资保障方面

统筹各镇现有的卫星电话、电台、应急通信车、应急发电机、救灾物资等,建立统一备案和调度机制,对没有储备或者储备不足的乡镇及时配备。同时,整合各类资源,与当地各大超市、工厂等签订应急物资供应协议,以备灾后及时调用。

4. 应急交通方面

神木市乡镇道路较为单一,且易受次生地质灾害的影响,在发生中强地震时,个别地区会因道路阻断而形成"孤岛"。针对该类型道路应事先开展灾害评估和治理,提升道路应急通行能力。同时,根据不同等级地震,制定震后交通管制预案,开辟救灾绿色通道,保证救援通道畅通。此外,应提前规划协调市内停机坪,便于震后直升机能尽快运送人员和物资。

5. 次生灾害方面

加强地质灾害等次生灾害隐患点监测、评估与治理力度,对于震后可能出现险情的厂矿、水库、化工园区等进行详细调查,对相关病险进行登记备案,对坝体年久失修的水库适时减少蓄水量,确保地震时的水库安全。

6. 应急演练方面

定期开展各层级、各类型的地震应急演练,特别是针对人口密集的单位及场所,如学校、医院、超市、商场等。同时,演练应注重实用性、可操作性,针对不同行业特点,制定针对性较强的实战演练方案,切勿走入"演"的误区。

7. 避难场所建设方面

推进应急避难场所建设,提高城市综合防灾能力,完善应急供电、供水、厕所等的基础设施。合理规划疏散场地,做好疏散场地周边电力、通信、医疗、物资储备、卫生等附属设施保障,适时开展应急演练,引导居民熟悉疏散路线。

8. 应急救援队伍建设方面

不断强化应急救援队伍素质,定期开展拉动演练,提升队伍救援实战能力及生存保障能力。同时,为救援队伍配备先进、轻便、实用的救援器械,提高搜救效率。

9.科普宣传方面

切实加强防震减灾知识的宣传,提高民众防震减灾意识。结合破坏性地震案例开展科普宣讲,增强群众地震安全隐患意识,引导民众重视房屋抗震能力提升。同时,进一步做好地震应急自救互救培训,扩充公众地震应急知识储备,做到遇震不慌,临震不乱。

参 考 文 献

[1] 神木县史志编纂委员会.神木县志(1987—2012)[M].西安:陕西人民出版社,2019.

[2] 杨和春.神木县志[M].北京:经济日报出版社,1990.

[3] 邓军,王庆飞,高帮飞,等.鄂尔多斯盆地演化与多种能源矿产分布[J].现代地质,2005,19(4):8.

[4] 杜江丽.神木县地质环境质量评价研究[D].西安:西安科技大学,2013.

[5] 付少丰.陕西省神木县新构造运动与地质灾害关系研究[D].西安:长安大学,2002.

[6] 郭忠铭,张军.鄂尔多斯地块油区构造演化特征[J].石油勘探与开发,1994,21(2):22-29.

[7] 国家地震局震害防御司.中国历史强震目录:公元前23世纪—公元1911年[M].北京:地震出版社,1995.

[8] 康高峰,王辉,刘池洋.鄂尔多斯盆地陇县地区含煤有利区构造预测[J].煤田地质与勘探,2007,35(2):5-9.

[9] 李明培,邵龙义,夏玉成,等.鄂尔多斯盆地中部上三叠统瓦窑堡组层序——古地理与聚煤规律[J].古地理学报,2021.

[10] 李仁伟.神木市地质环境承载力评价研究[D].西安:西安科技大学,2020.

[11] 倪新锋,陈洪德,韦东晓.鄂尔多斯盆地三叠系延长组层序地层格架与油气勘探[J].中国地质,2007,34(1):8.

[12] 田勤虎、冯希杰,等.地震应急——陕西省构造[M].西安:陕西科学技术出版社,2017.

[13] 神木县志编纂委员会.神木县志[M].北京:经济日报出版社,1990.

[14] 王博文.鄂尔多斯盆地东缘兴县地区中—新生代地层划分及构造沉积演化[D].太原:太原理工大学,2016.

[15] 王双明.鄂尔多斯盆地构造演化和构造控煤作用[J].地质通报,2011(4):544-552.

[16] 翟明国.鄂尔多斯地块是破解华北早期大陆形成演化和构造体制谜团的钥匙[J].科学通报,2021,66(26):21.

[17] 张凤奎,张忠义,张林.鄂尔多斯盆地三叠系延长组层序地层特征新认识[J]. 地层学杂志,2008,32(1):7.

[18] 张岳桥,廖昌珍.晚中生代-新生代构造体制转换与鄂尔多斯盆地改造[J].中国地质,2006,33(1),13.

[19] 中国地震局震害防御司.中国近代地震目录(公元1912—1990年),Ms≥4.7[M].北京:中国科学技术出版社,1999.

[20] 左群超,叶天竺,冯艳芳,等.中国陆域1:250 000分幅建造构造图空间数据库[J].中国地质,2018,45(S1):1-26.

[21] 田得元.农村建筑区域特点及典型结构地震易损性分析[D].哈尔滨:中国地震局工程力学研究所,2021.

[22] 霍林生,李宏男,肖诗云,等.汶川地震钢筋混凝土框架结构震害调查与启示[J].大连理工大学学报,2009,49(5):718-723.

[23] Hiroshi Tagawa,雷克,杨彬.地震作用下钢结构的破坏及抗震性能的提高[J].建筑结构,2011,41(12):20-23.

[24] 刘栩豪.下沉式黄土窑洞抗震加固及振动台试验研究[D].西安:西安建筑科技大学,2020.

[25] 国务院第一次全国自然灾害综合风险普查领导小组办公室.建(构)筑物地震灾害隐患等级评定技术规范(FXPC/DZ P-03)[Z].2022.

[26] 中华人民共和国住房和城乡建设部,国家质量监督检验检疫总局.建筑工程抗震设防分类标准(GB50223-2008)[M].北京:中国建筑工业出版社,2016.

[27] 中华人民共和国国家质量监督检验检疫总局,中国国家标准化管理委员会.中国地震动参数区划图(GB18306-2015)[Z].2015.

[28] 中华人民共和国住房和城乡建设部,中华人民共和国国家质量监督检验检疫总局.建筑抗震设计规范2016年版(GB50011-2010)[M].北京:中国建筑工业出版社,2016.

[29] 孙柏涛,张桂欣.中国大陆建筑物地震灾害风险分布研究[J].土木工程学报,2017,50(9):1-7.

[30] 张桂欣.基于多元数据融合的区域地震灾害风险分级评价方法研究[D].哈尔滨:中国地震局工程力学研究所,2020.

[31] 张桂欣,孙柏涛,陈相兆.分区分类的生命线工程地震直接经济损失研究[J].地震,2017,37(4):69-79.

[32] Sun Baitao, Zhang Guixin. Study on vulnerability matrices of masonry buildings of mainland of China[J]. Earthquake Engineering and Engineering Vibration, 2018,17(2):251-259.

[33] Sun Baitao, Zhang Guixin, Chen Xiangzhao. The distribution of seismic capacity of buildings in mainland of china[C]. 16TH European Conference on Earthquake Engineering, 2018.

[34] Reiter L. Earthquake hazard analysis: Issues and insights[M]. New York: Columbia University Press, 1990.

[35] 向喜琼, 黄润秋. 地质灾害风险评价与风险管理[J]. 地质灾害与环境保护, 2000, 11(1): 38-41.

[36] 张桂欣, 孙柏涛, 陈相兆, 等. 北京市建筑抗震能力分类及地震灾害风险分析[J]. 地震工程与工程震动, 2018, 38(3): 223-229.

[37] 陈洪富, 戴君武, 孙柏涛, 等. 玉树7.1级地震人员伤亡影响因素调查与初步分析[J]. 地震工程与工程震动, 2011, 31(4): 18-25.

[38] 徐伟, 王静爱, 史培均, 等. 中国城市地震灾害危险度评价[J]. 自然灾害学报, 2004, 13(1): 9-15.

[39] 王慧彦, 黄敏, 梁瑞莲, 等. 地震灾害损失经济统计学评估方法初步研究[J]. 自然灾害学报, 2009, 18(3): 105-110.

[40] 张维佳, 姜立新, 李晓杰, 等, 汶川地震人员死亡率及经济易损性探讨[J]. 自然灾害学报, 2013, 22(2): 197-204.

[41] 陈棋福, 陈凌. 利用国内生产总值和人口数据进行地震灾害损失预测评估[J]. 地震学报, 1997(6): 83-92.

[42] 刘吉夫, 陈颙, 史培军, 等. 中国大陆地震风险分析模型研究(Ⅱ): 生命易损性模型[J]. 北京师范大学学报(自然科学版), 2009, 45(4): 404-407.

[43] 杨天青, 姜立新, 杨桂岭. 地震人员伤亡快速评估[J]. 地震地磁观测与研究, 2006(4): 39-43.

[44] 王东明, 高永武. 城市建筑群概率地震灾害风险评估研究[J]. 工程力学, 2019, 36(7): 165-173.

[45] 钱枫林, 崔健. BP神经网络模型在应急需求预测中的应用——以地震伤亡人数预测为例[J]. 中国安全科学学报, 2013, 23(4): 20-25.

[46] 闫佳琦, 陈相兆, 孙柏涛. 地震人员伤亡评估方法及损失评估系统综述[J]. 工程力学, 2021, 38(12): 1-16.

[47] 马玉宏, 谢礼立. 地震人员伤亡估算方法研究[J]. 地震工程与工程震动, 2020, 20(4): 140-147.

[48] 陈洪富, 孙柏涛, 陈相兆, 等. HAZ-China 地震灾害损失评估系统研究[J]. 土木工程学报, 2013, 46(s2): 294-300.

[49] 陈相兆.HAZ-China地震应急快速评估技术研究及系统建设[D].哈尔滨:中国地震局工程力学研究所,2016.

[50] 中国地震局.地震现场工作第四部分:灾害直接损失评估(GB/T18208.4—2011)[M].北京:中国标准出版社,2011.

[51] 陕西省地方志编纂委员会.陕西省抗震救灾志[M].西安:三秦出版社,2012.

[52] 侯爽,郭安薪,李惠,等.城市典型建筑的地震损失预测方法Ⅰ:结构易损性分析[J].地震工程与工程振动,2007(6):64-69.

[53] 郭安薪,侯爽,李惠,等.城市典型建筑的地震损失预测方法Ⅱ:地震损失估计[J].地震工程与工程振动,2007(6):70-74.

[54] 孙柏涛,胡少卿,王东明.云南省乡镇农村地震灾害直接经济损失研究[J].地震工程与工程振动,2007(1):153-158.

[55] 吴琼.地震直接经济损失快速评估方法研究[D].西安:西安建筑科技大学,2015.

[56] 中国地震局.地震灾害风险评估技术规范(FXPC/DZ P-02)[Z].2022.

[57] 田勤虎,冯希杰.陕西省地震应急救援工作基础资料——断裂构造特征及说明[M].西安:陕西科学技术出版社,2017.